U0033281

# 餡料麵包的變化與延伸

臺灣在地食材

黃宗辰——著

# 作者序

自 2021 年 5 月份至今，因為疫情的影響，相信各行各業大家都過得很辛苦，因疫情的肆虐讓大家漸漸地減少外出，甚至於減少外食的次數。

面臨這樣辛苦的環境，宗辰希望透過這本書能讓大家認識更多來自臺灣的健康天然食材，再透過簡單的手法把這些優質的餡料與麵包做一個結合，讓所有媽媽們在家安心的製作，並與家人分享，進而幫助臺灣的農民們，讓生長在臺灣這片土地的我們越來越好。

其實，這些健康的餡料已經開始有小包裝的在市面上販售，讓大家使用起來既方便又不會有浪費的可能。

這一本書設計上分為六大類，第一單元介紹基本知識，單元二到六分別有五大主題，分享的都是在家庭中容易操作上手的配方作法，相信跟著這一本書，一個步驟一個步驟慢慢地的操作，一定能做出屬於自家裡最有溫度的麵包。

宗辰希望藉由此書大家都能有所收獲，感謝您的閱讀。

黃宗辰

3入100元
4入120元
うまい

# 推薦序

回想起宗辰在學徒時期，還是位懵懵懂懂的年輕小學徒，至今在烘焙圈已累積了二十四年的資歷，一直以來我都可以從宗辰師傅身上充分感受到，做麵包時他就是秉持著「做什麼像什麼」的敬業精神，並一直保持著初衷。

不管是在辦理專業講習課程、線上直播課程，還是規劃管理店裡自己的事業，甚至於目前宗辰師傅烘焙生涯的第四本烘焙工具書的誕生，他都還是盡心盡力，一步一腳印的完成。

在這本書中，宗辰師傅結合了在地食材餡料與麵團一起做延伸變化，相信此書的內容會讓大家對餡料麵包又有不一樣的看法。

驊珍食品 經理 簡心樹

簡心樹

CONTENTS

# ◎獅虎的話：五類麵包比一比

這兩頁收錄的介紹就是單元2~6麵團篇章的介紹。我特別把介紹再次集中在此處，一次性跟讀者說明這五類麵包的特點、製作注意要點，以及他們之間的差異。為了凸顯每支麵團本身的特色，這邊會另外把我注重的口感，做成統一的格式以「星級」評鑑。貝果湯種麵團在這五支麵團中Q度是最強的，Q彈等級便是5星，以此類推。

此處歸納了國人最喜歡的甜麵包三大重點口感，希望新手在製作前就可以對麵包有所認識，可以根據自己的喜好去挑選、製作麵包。

## ● Part 2、捲捲系列（布里歐麵團）

濕潤度：★★★★

柔軟度：★★★★★

Q彈度：★★

布里歐的麵團特性是奶油配比會高一些，麵包的「化口性」會更好。以這樣的麵團去做餡料麵包的搭配，隨著咀嚼，麵團會與餡料化在一起，有難以言喻的美妙滋味。

這支麵團有一個要注意的事情是「麵團終溫」，就是攪拌最後完成時，麵團的溫度盡量要控制在25°C，因為奶油遇到高溫，容易有吐油的現象，會比較不容易跟麵團結合。基本上這支配方的全蛋跟水（液態的部分），在製作前一天我就會秤好，把一半拿去冷凍，另一半拿去冷藏。或者也可以把麵粉（乾性材料）都秤起來，也拿去冷藏冰，這樣也可以降低麵團攪拌的溫度。

## ● Part 3、圈圈系列（貝果湯種麵團）

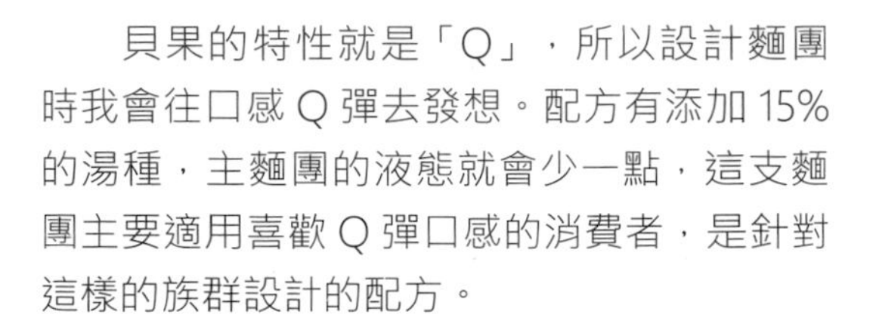

濕潤度：★★★

柔軟度：★★

Q彈度：★★★★★

貝果的特性就是「Q」，所以設計麵團時我會往口感Q彈去發想。配方有添加15%的湯種，主麵團的液態就會少一點，這支麵團主要適用喜歡Q彈口感的消費者，是針對這樣的族群設計的配方。

這樣的配方，我們在攪拌時會比單元2布里歐麵團簡單一些，麵團的終溫維持在27°C左右，是一支讓讀者很好上手的配方。

★湯種燙麵特性可參考P.114，此篇便不再贅述。

## ● Part 4、點心麵包系列（菓子麵團）

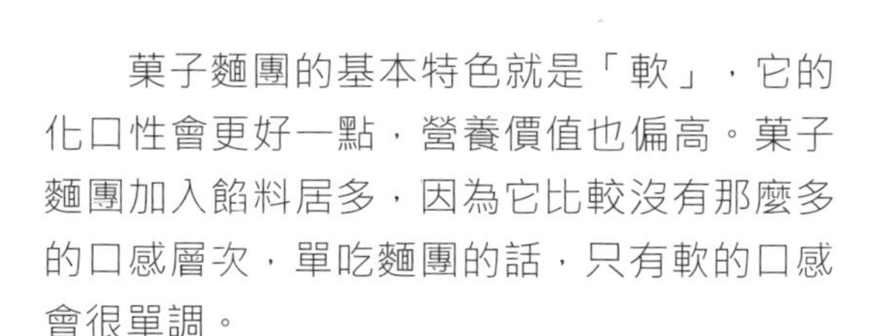

濕潤度：★★★★★

柔軟度：★★★★★

Q 彈度：★★

菓子麵團的基本特色就是「軟」，它的化口性會更好一點，營養價值也偏高。菓子麵團加入餡料居多，因為它比較沒有那麼多的口感層次，單吃麵團的話，只有軟的口感會很單調。

菓子麵團糖分會占比較重，一般來說奶油的占比也會比較重，本身會投入雞蛋跟蛋黃，雞蛋跟蛋黃含有卵磷脂（所以具有乳化作用），會讓麵筋來的更軟一點，再加上一開始講的有加入大量的「糖」，糖也可以軟化麵筋。整體下來會比歐式麵包的麵筋來的軟，麵團質地會比較軟一點，液態的添加也會比歐式麵包多一點。

這支麵團我們搭配中種技法呈現，配方其實已經有八九成接近臺灣傳統的甜麵包配方。中種法麵團的特性是，麵包保濕性、斷口性、化口性，都會來的更好一些，如果不用中種法改成直接法製作，柔軟度、保濕性等都會差很多。

中種要注意的是，水基本上都是用冰水，也是攪拌到光滑亮面即可，第二次攪拌時，建議液態也要先秤好，拿到冷藏冰，麵團最終溫度落在 27°C 左右。

## ● Part 5、大地食材軟歐（軟歐麵團）

濕潤度：★★★★

柔軟度：★★★

Q 彈度：★★★

「軟歐」顧名思義它是口感偏軟的歐式麵包，為了讓它具備軟的屬性，會另外添加如糖、鮮奶、油脂等材料。

相對於單元 2 布里歐麵團、單元 4 菓子麵團來說，它的糖添加比例也是降低許多，並且這次額外加了 0.5% 的湯種，它的攪拌程序是屬於好操作的配方。

★湯種燙麵特性可參考 P.114，此篇便不再贅述。

這款麵團吃起來不像貝果那麼 Q 彈，也不像甜麵包跟布里歐這麼柔軟。它本身是「軟中帶 Q」的質地，屬於麵團本身適合與副材料一起攪打的麵團，可以加入果乾類、燕麥片，麵筋比較 Q 彈強韌。

## ● Part 6、吐司篇（吐司麵團）

濕潤度：★★★★★

柔軟度：★★★★

Q 彈度：★★★

我理想中的吐司是具備 Q 彈、柔軟濕潤的麵包。這系列吐司的配方基本上糖跟鹽都沒有吃到很重，液態也沒有放很多。它跟各個單元的麵團差異在哪？

這系列的吐司會比單元 5 軟歐麵包再軟一些；又比單元 4 的菓子麵團 Q；口感上比貝果麵團軟一點。它算是主食麵團的配方，我希望這吐司麵包不只夾餡是好吃的，單吃也可以一口接一口，不自覺的吃掉半條吐司。

No.1

# 臺灣特級眞紅豆餡卷

烘焙數據表

| | |
|---|---|
| ★備妥麵團 | 參考 P.20～21 完成至中間發酵 |
| ❺整　形 | 參考步驟製作 |
| ❻最後發酵 | 靜置 50 分鐘<br>（溫度 30°C ／濕度 85%） |
| ❼烘　烤 | 上火 180°C ／下火 150°C，13 分鐘 |

**內餡**

麥之田臺灣特級真紅豆餡 200g

**裝飾**

全蛋液 適量

生黑芝麻 適量

## 作法

### ★備妥麵團

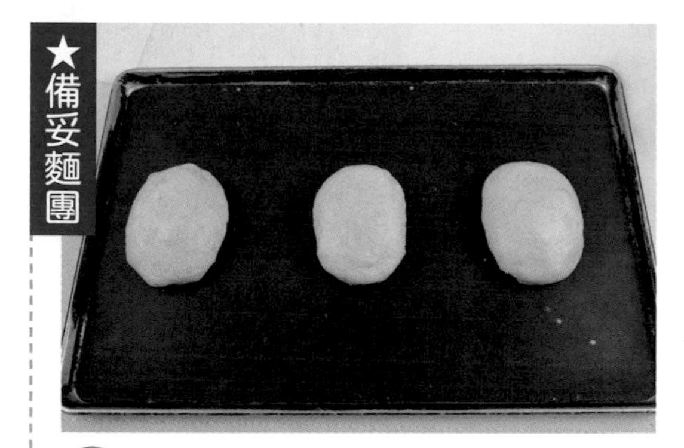

1 使用完成至中間發酵後的麵團，取下表面袋子。

### ❺整形

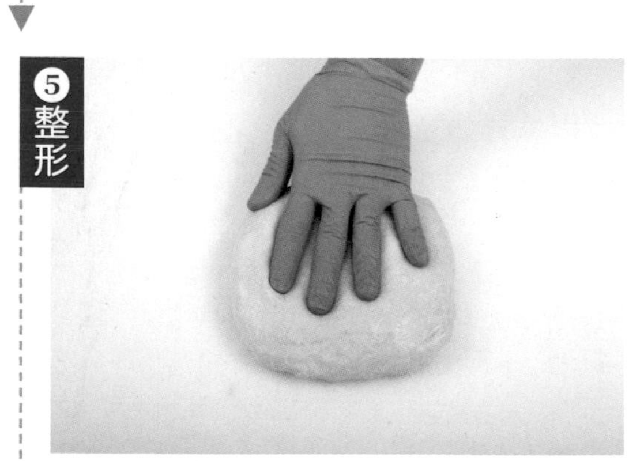

2 雙手沾適量手粉(沾高筋麵粉)，麵團輕輕拍開排氣。

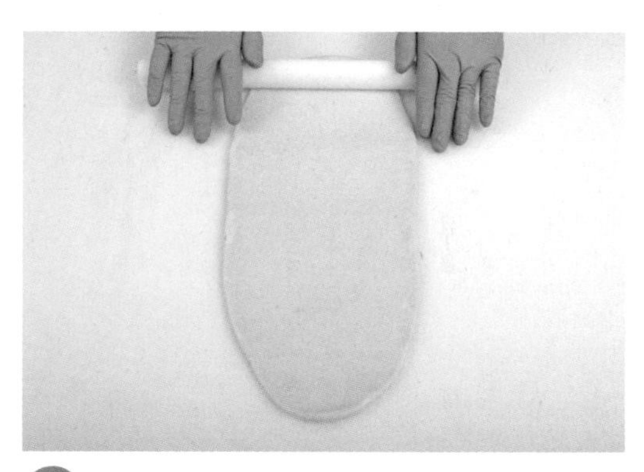

3 擀長40、寬約15公分。

★先輕輕拍開適度排氣，避免直接用擀麵棍，麵團氣體排出過多，影響後續發酵。

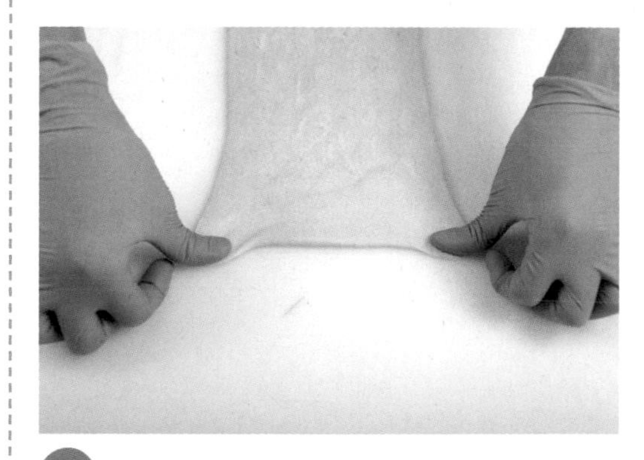

4 翻面，四邊拉平成長方片。

★有確實拉平成長方片，整形後就不會變成橄欖形，確保麵團每一節的發酵狀態大致一致，不會有一些特別厚，吃起來特別緊實。

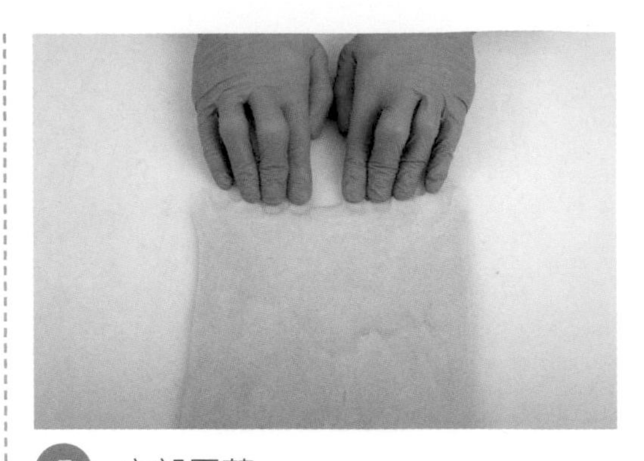

5 底部壓薄。
★底部有壓薄，最後的收摺面就會緊密貼合麵團，不會凸出來一節。

6 底部壓薄的部分留些許不抹餡，其餘抹上麥之田臺灣特級真紅豆餡 200g。

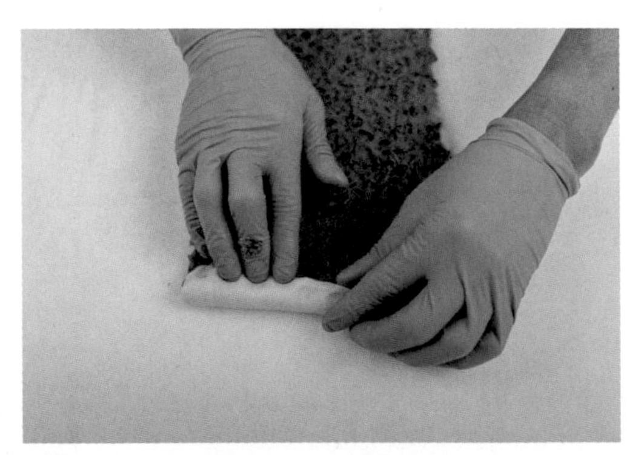

7 餡料抹平整，後續會比較好捲。由上朝下捲，先一節一節朝下收摺一小段麵團。

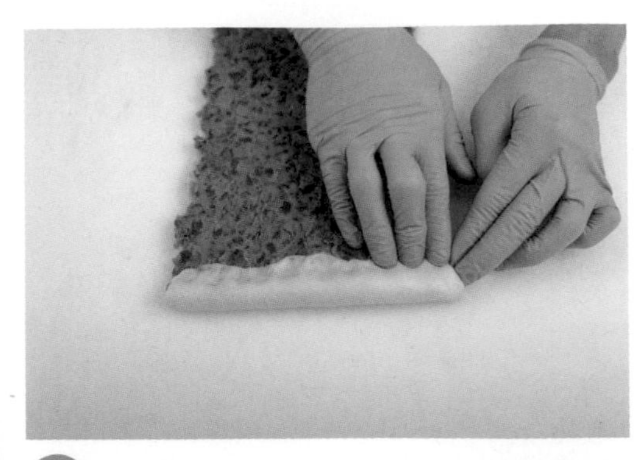

8 此處稍微壓一下，讓最裡面的麵團薄一點點，發酵後才不會太密實。

9 接下來順順地朝下收摺即可，整體不要捲太緊，避免口感太緊實。
★作法 6 有保留底部壓薄的部分不抹餡，這個步驟的收整就可以收得很漂亮。

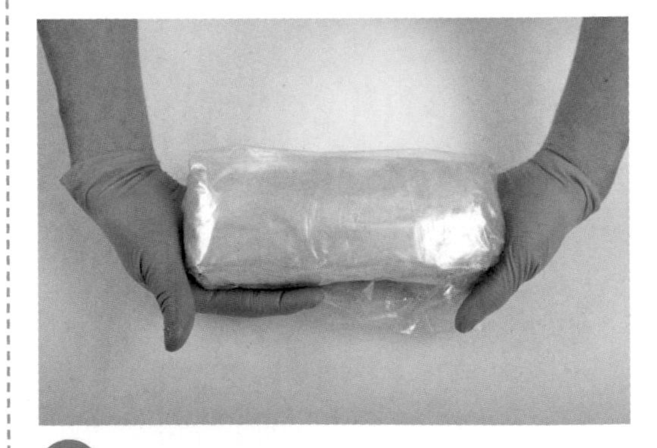

10 用袋子妥善包起，冷藏鬆弛 15～20 分鐘。
★麵皮必須鬆弛，鬆弛才能使麵皮操作後不回縮。

11 避免分切後大小不一，先用切麵刀輕輕壓出五等分。

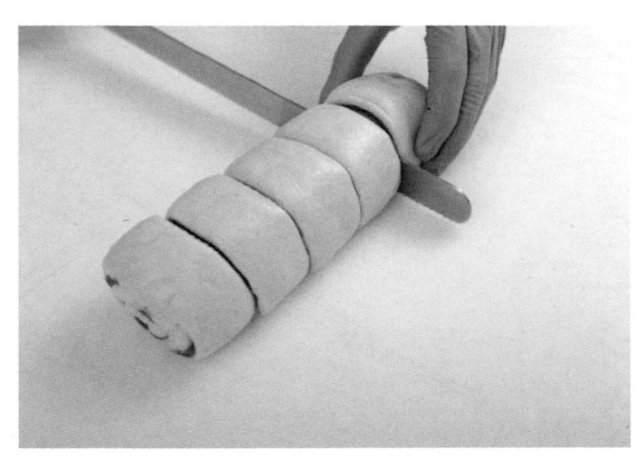

12 再進行分切，麵皮含抹餡 1 個重約 85～90g。

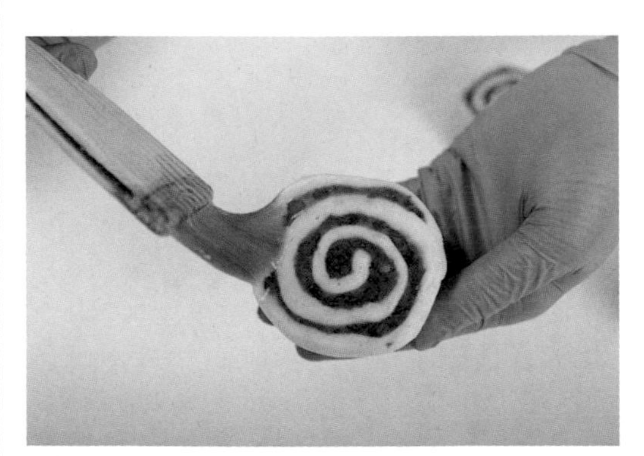

13 邊緣刷上全蛋液，薄薄的刷一層就好，不需要刷太多。

14 沾生黑芝麻，切面朝上放入紙杯（油力王紙杯 - 型號 7.8 * 3.1 公分）。

⑥ 最後發酵

15 放入烤盤，參考【烘焙數據表】進行發酵。

★矽膠模具是幫助控制發酵後、烘烤的大小，家庭製作不使用也無妨。

⑦ 烘烤

16 送入預熱好的烤箱，參考【烘焙數據表】烤熟。

No.2

# 臺灣眞紅豆粒卷

烘焙數據表

| | |
|---|---|
| ★備妥麵團 | 參考 P.20～21 完成至中間發酵 |
| ❺整　　形 | 參考步驟製作 |
| ❻最後發酵 | 靜置 50 分鐘<br>（溫度 30℃／濕度 85%） |
| ❼烤前裝飾 | 擠適量自製蛋黃皮 |
| ❽烘　　烤 | 上火 180℃／下火 150℃，13 分鐘 |

**內餡**
自製奶酥餡 100g
臺灣真紅豆粒 120g

**裝飾**
自製蛋黃皮 適量

## 自製蛋黃醬皮

**配方**

|  |  |
|---|---|
| 低筋麵粉 | 50g |
| 糖粉 | 45g |
| 蛋黃 | 50g |
| 無鹽奶油 | 50g |

**作法**

1. 低筋麵份、糖粉分別過篩。
2. 無鹽奶油軟化至 16～20℃，與過篩糖粉用打蛋器拌勻。
3. 分次加入蛋黃拌勻，蛋黃要常溫，太冷會因為溫差導致材料產生分離狀況。
4. 加入過篩低筋麵粉拌勻，完成。

## 自製奶酥餡

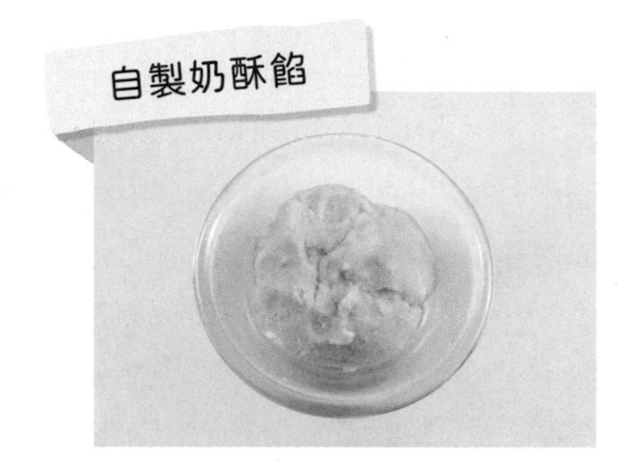

**配方**

|  |  |
|---|---|
| 無鹽奶油 | 87.5g |
| 糖粉 | 150g |
| 鹽 | 少許 |
| 全蛋液 | 75g |
| 全脂奶粉 | 150g |

**作法**

1. 糖粉、全脂奶粉分別過篩。
2. 無鹽奶油軟化至 16～20℃，與過篩糖粉、鹽用打蛋器拌勻。
3. 分次加入全蛋液拌勻，蛋液要常溫，太冷會因為溫差導致材料產生分離狀況。
4. 加入過篩全脂奶粉拌勻，完成。

**作法**

1 **★備妥麵團** 使用完成至中間發酵後的麵團，取下表面袋子。

2 **⑤整形** 雙手沾適量手粉（沾高筋麵粉），麵團輕輕拍開排氣。

3 擀長 40、寬約 15 公分。
★先輕輕拍開適度排氣，避免直接用擀麵棍，麵團氣體排出過多，影響後續發酵。

4 翻面，四邊拉平成長方片。
★有確實拉平成長方片，整形後就不會變成橄欖形，確保麵團每一節的發酵狀態大致一致，不會有一些特別厚，吃起來特別緊實。

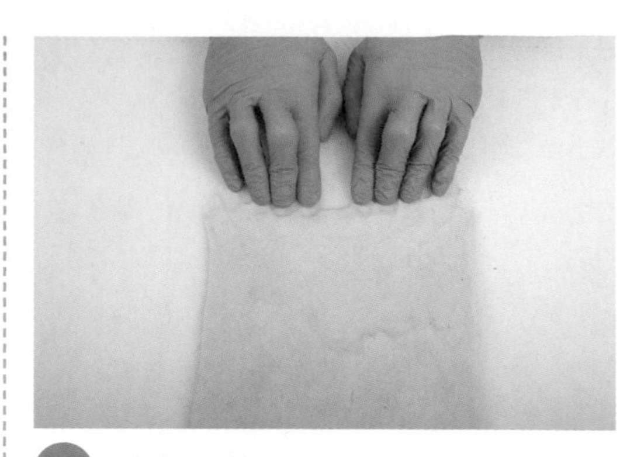

5 底部壓薄。

★底部有壓薄，最後的收摺面就會緊密貼合麵團，不會凸出來一節。

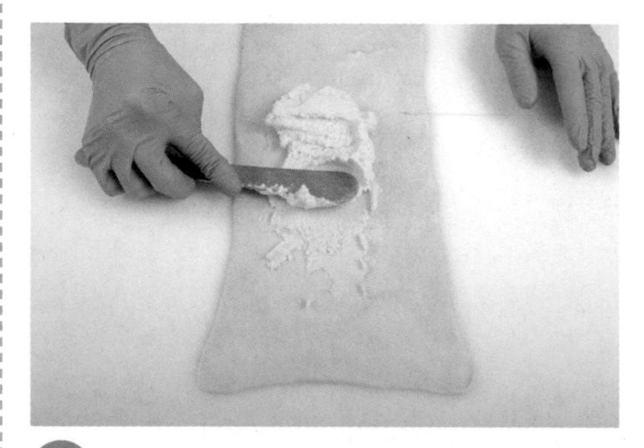

6 底部壓薄的部分留些許不抹餡，先抹自製奶酥餡 100g，抹平整。

7 再鋪臺灣真紅豆粒 120g，紅豆盡量不要重疊，鋪完稍微輕壓。

★紅豆粒比較不會位移，附著度比較好。

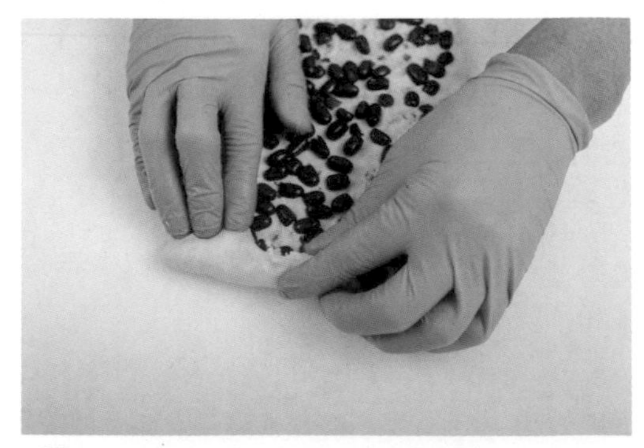

8 前述步驟餡料有抹平整，後續會比較好捲。由上朝下捲，先一節一節朝下收摺一小段麵團。

9 此處稍微壓一下，讓最裡面的麵團薄一點點，發酵後才不會太密實。

10 接下來順順地朝下收摺即可，整體不要捲太緊，避免口感太緊實。

★作法 6 有保留底部壓薄的部分不抹餡，這個步驟的收整就可以收得很漂亮。

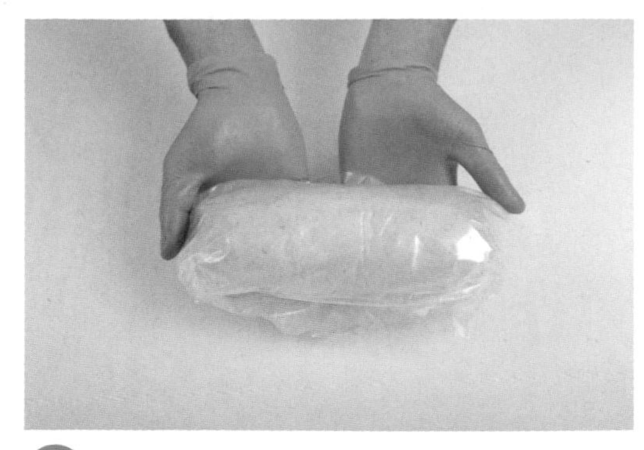

11 用袋子妥善包起，冷藏鬆弛 15～20 分鐘。

★麵皮必須鬆弛，鬆弛才能使麵皮操作後不回縮。

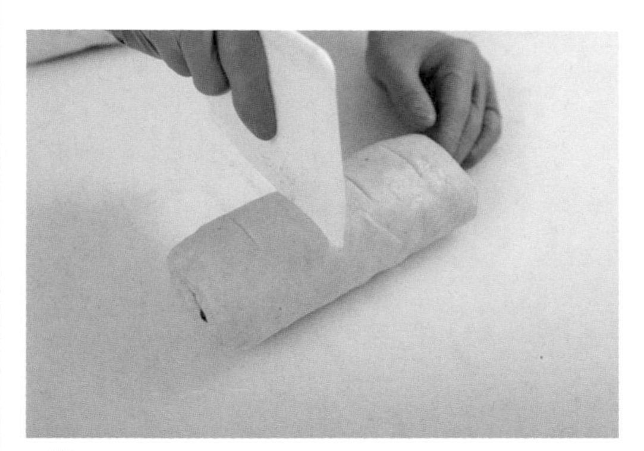

12 避免分切後大小不一，先用切麵刀輕輕壓出五等分。

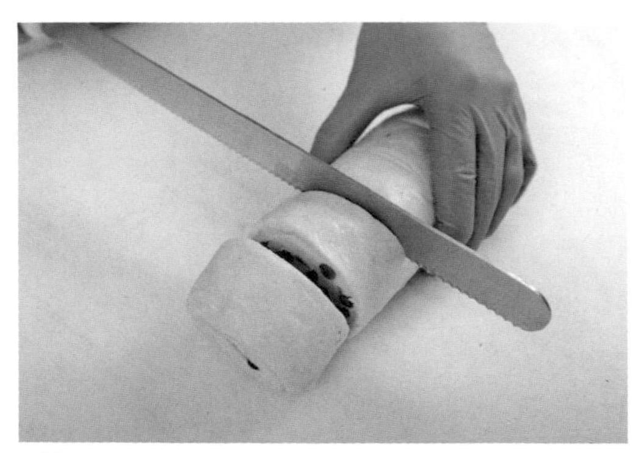

13 再進行分切，切面朝上放入紙杯（油力王紙杯 - 型號 7.8 * 3.1 公分）。

❻ 最後發酵

14 放入烤盤，參考【烘焙數據表】進行發酵。

❼ 烤前裝飾

15 擠適量自製蛋黃皮。

★矽膠模具是幫助控制發酵後、烘烤的大小，家庭製作不使用也無妨。

❽ 烘烤

16 送入預熱好的烤箱，參考【烘焙數據表】烤熟。

No.3

# 脆菇黑豆卷

內餡

麥之田黑豆粒餡 150g
麥之田脆菇 50g

烘焙數據表

| | |
|---|---|
| ★備妥麵團 | 參考 P.20～21 完成至中間發酵 |
| ❺整　形 | 參考步驟製作 |
| ❻最後發酵 | 靜置 50 分鐘<br>（溫度 30°C／濕度 85%） |
| ❼烘　烤 | 上火 180°C／下火 150°C，13 分鐘 |

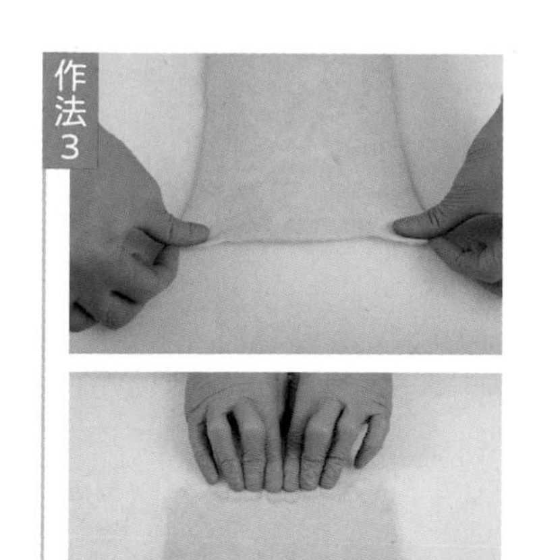

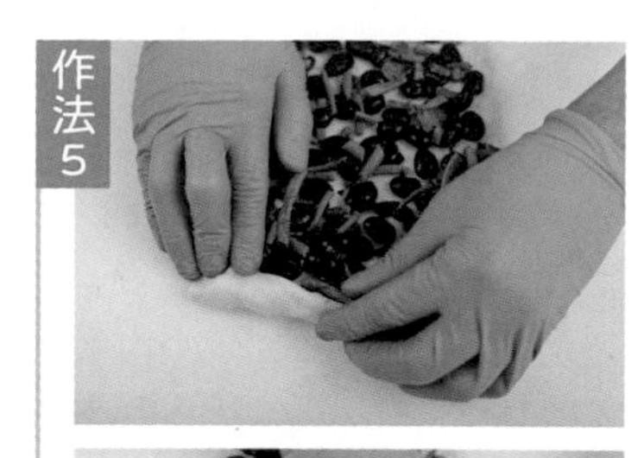

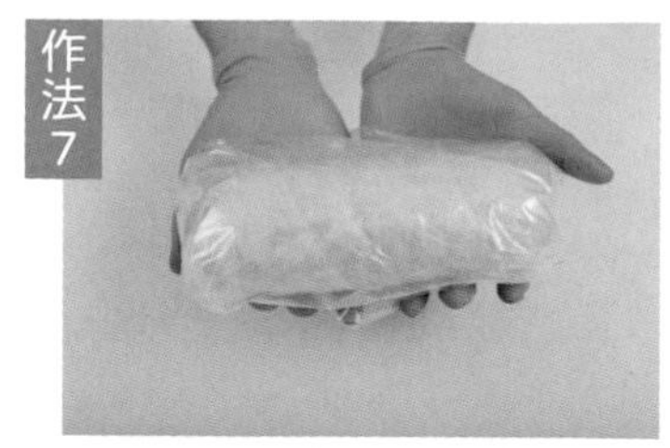


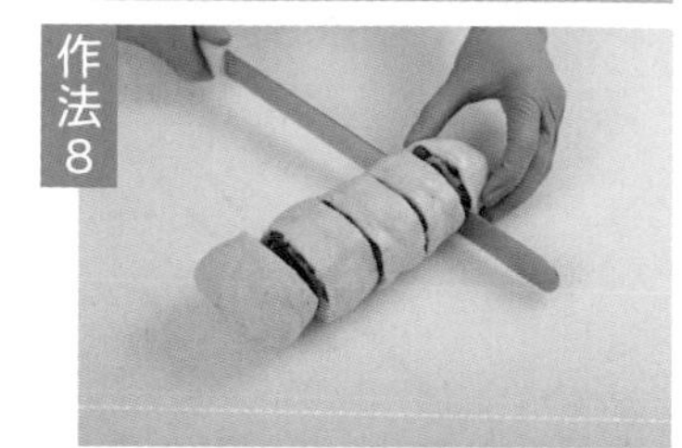

1. **★備妥麵團** 使用完成至中間發酵後的麵團，取下表面袋子。

2. **❺整形** 沾適量手粉（沾高筋麵粉），麵團輕輕拍開排氣，擀長40、寬約15公分。

3. 翻面，四邊拉平成長方片，底部壓薄。
   ★底部有壓薄，最後的收摺面就會緊密貼合麵團，不會凸出來一節。
   ★有確實拉平成長方片，整形後就不會變成橄欖形，確保麵團每一節的發酵狀態大致一致，不會有一些特別厚，吃起來特別緊實。

4. 底部壓薄的部分留些許不鋪餡，鋪上麥之田黑豆粒餡150g、麥之田脆菇50g。餡盡量不要重疊，鋪完稍微輕壓。

5. 由上朝下捲，先一節一節朝下收摺一小段麵團。第一節麵團稍微壓一下，讓最裡面的麵團薄一點點，發酵後才不會太密實。

6. 接下來順順地朝下收摺即可，整體不要捲太緊，避免口感太緊實。
   ★作法4有保留底部壓薄的部分不鋪餡，這個步驟的收整就可以收得很漂亮。

7. 用袋子妥善包起，冷藏鬆弛15～20分鐘。

8. 避免分切後大小不一，先用切麵刀輕輕壓出五等分，再進行分切，切面朝上放入紙杯（油力王紙杯 - 型號7.8 * 3.1公分）。
   ★矽膠模具是幫助控制發酵後、烘烤的大小，家庭製作不使用也無妨。

9. **❻最後發酵** 放入烤盤，參考【烘焙數據表】進行發酵。

10. **❼烘烤** 送入預熱好的烤箱，參考【烘焙數據表】烤熟。

No.4

# 紅薯起司卷

烘焙數據表

| | |
|---|---|
| ★備妥麵團 | 參考 P.20～21 完成至中間發酵 |
| ❺整　　形 | 參考步驟製作 |
| ❻最後發酵 | 靜置 50 分鐘<br>（溫度 30°C ／濕度 85%） |
| ❼烤前裝飾 | 適量披薩絲（裝飾用，需另外備妥） |
| ❽烘　　烤 | 上火 180°C ／下火 150°C，13 分鐘 |

表面裝飾

披薩絲 適量

內餡

麥之田紅薯餡 150g

披薩絲 40g

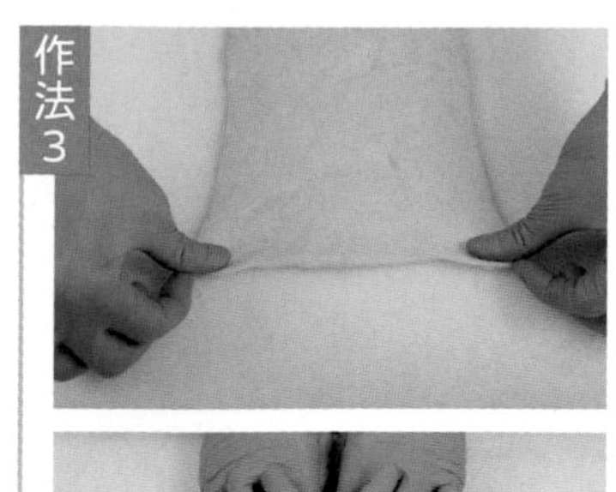


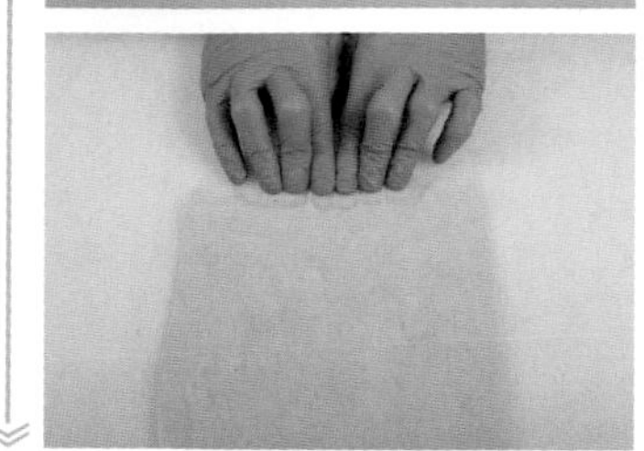

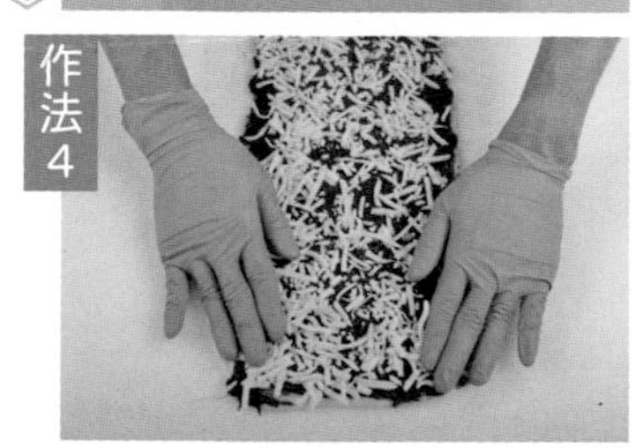


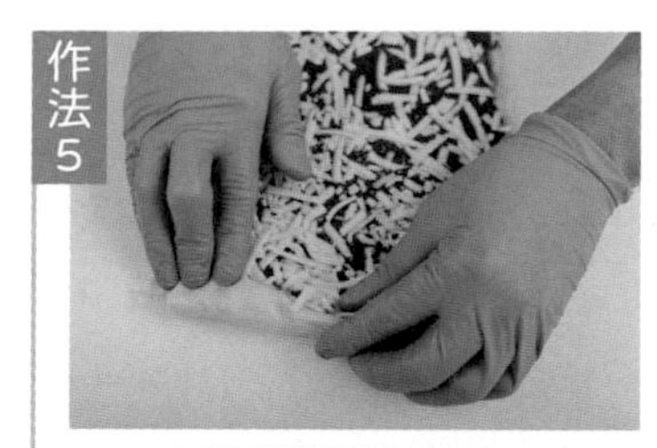


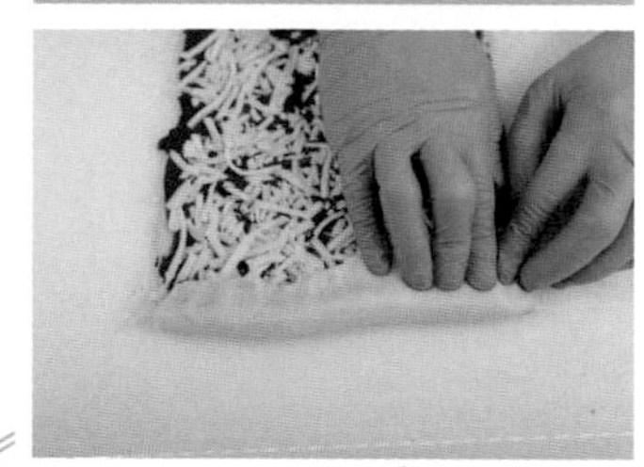

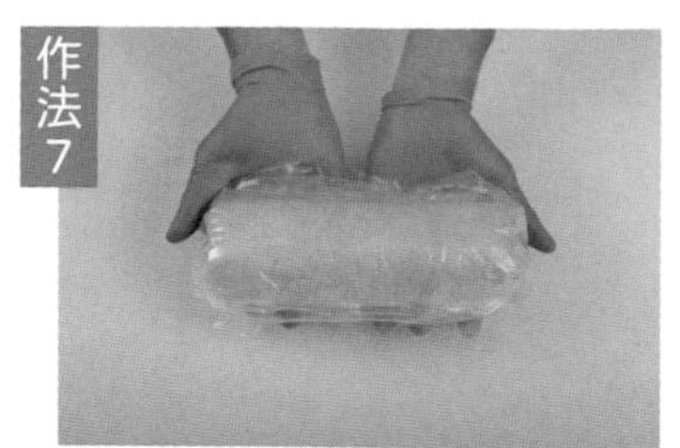


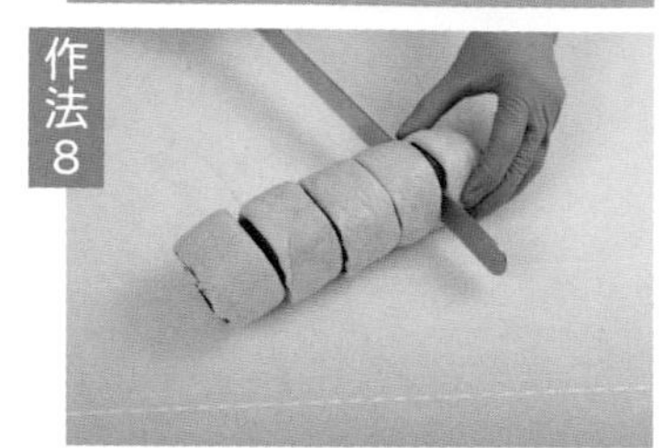

1 **★備妥麵團** 使用完成至中間發酵後的麵團，取下表面袋子。

2 **❺整形** 沾適量手粉（沾高筋麵粉），麵團輕輕拍開排氣，擀長 40、寬約 15 公分。

3 翻面，四邊拉平成長方片，底部壓薄。
★底部有壓薄，最後的收摺面就會緊密貼合麵團，不會凸出來一節。
★有確實拉平成長方片，整形後就不會變成橄欖形，確保麵團每一節的發酵狀態大致一致，不會有一些特別厚，吃起來特別緊實。

4 底部壓薄的部分留些許不鋪餡，鋪上麥之田紅薯餡 150g、披薩絲 40g。餡盡量不要重疊，鋪完稍微輕壓。
★材料比較不會位移，附著度比較好。

5 由上朝下捲，先一節一節朝下收摺一小段麵團。第一節麵團稍微壓一下，讓最裡面的麵團薄一點點，發酵後才不會太密實。

6 接下來順順地朝下收摺即可，整體不要捲太緊，避免口感太緊實。
★作法 4 有保留底部壓薄的部分不鋪餡，這個步驟的收整就可以收得很漂亮。

7 用袋子妥善包起，冷藏鬆弛 15 ~ 20 分鐘。

8 避免分切後大小不一，先用切麵刀輕輕壓出五等分，再進行分切，切面朝上放入紙杯（油力王紙杯 - 型號 7.8 * 3.1 公分）。
★矽膠模具是幫助控制發酵後、烘烤的大小，家庭製作不使用也無妨。

9 **❻最後發酵** 放入烤盤，參考【烘焙數據表】進行發酵。

10 **❼烤前裝飾** 撒適量披薩絲。

11 **❽烘烤** 送入預熱好的烤箱，參考【烘焙數據表】烤熟。

No.5

# 地瓜肉鬆卷

## 烘焙數據表

| | |
|---|---|
| ★備妥麵團 | 參考 P.20～21 完成至中間發酵 |
| ❺整　形 | 參考步驟製作 |
| ❻最後發酵 | 靜置 50 分鐘<br>（溫度 30°C ／濕度 85%） |
| ❼烘　烤 | 上火 180°C ／下火 150°C，13 分鐘 |
| ❽烤後裝飾 | 出爐趁熱刷適量自製糖水 |

### 自製糖水

**配方**

| | |
|---|---|
| 細砂糖 | 100g |
| 水 | 100g |

**作法**

1. 材料一同煮滾，放涼即可使用。

內餡
麥之田地瓜餡 150g
海苔肉鬆 40g

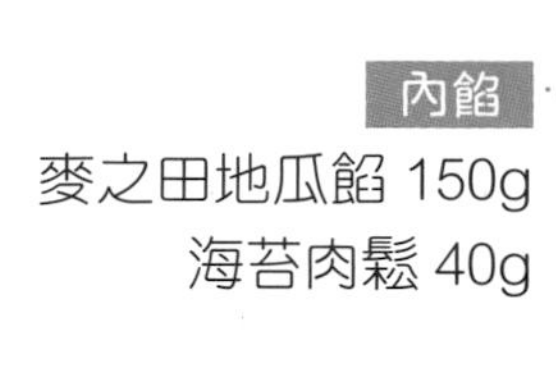

裝飾
自製糖水 適量

作法

★備妥麵團

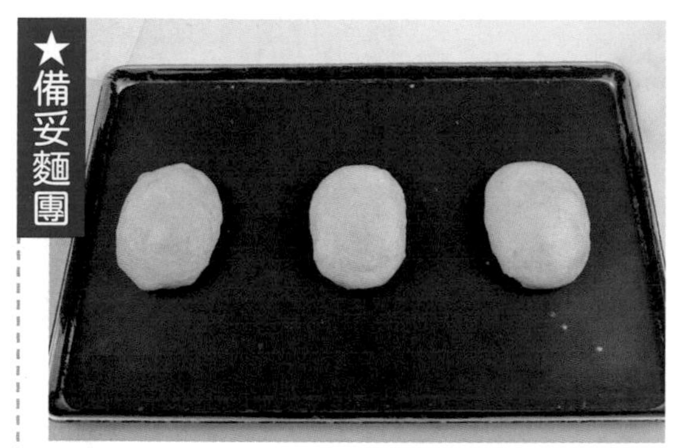

1 使用完成至中間發酵後的麵團，取下表面袋子。

❺整形

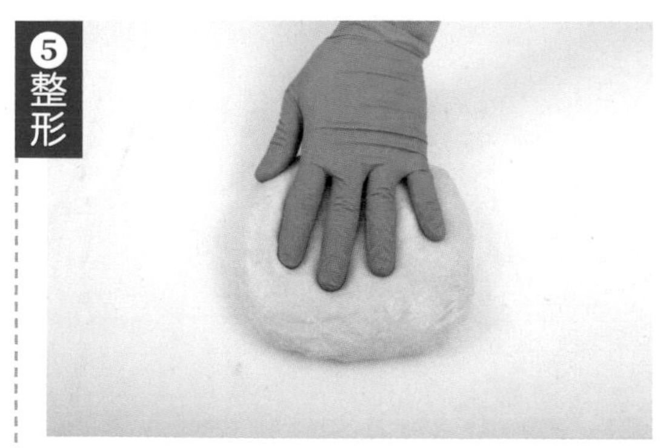

2 雙手沾適量手粉（沾高筋麵粉），麵團輕輕拍開排氣。

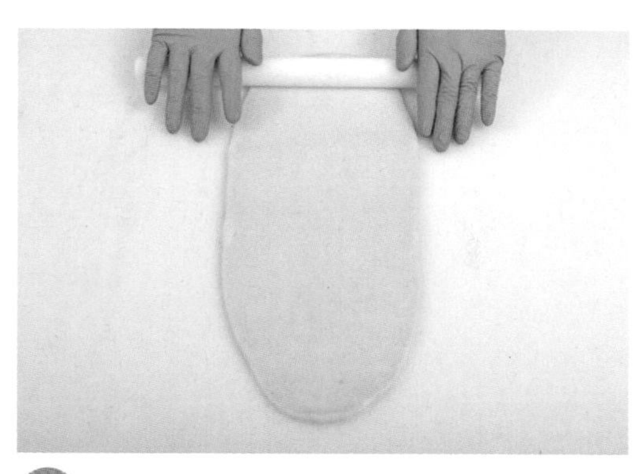

3 擀長 40、寬約 15 公分。
★先輕輕拍開適度排氣，避免直接用擀麵棍，麵團氣體排出過多，影響後續發酵。

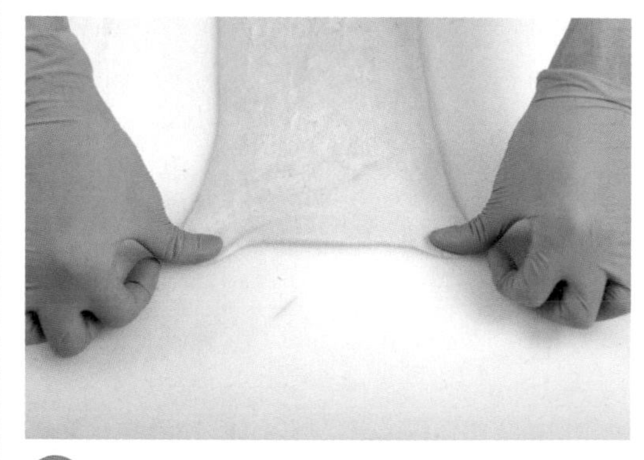

4 翻面，四邊拉平成長方片。
★有確實拉平成長方片，整形後就不會變成橄欖形，確保麵團每一節的發酵狀態大致一致，不會有一些特別厚，吃起來特別緊實。

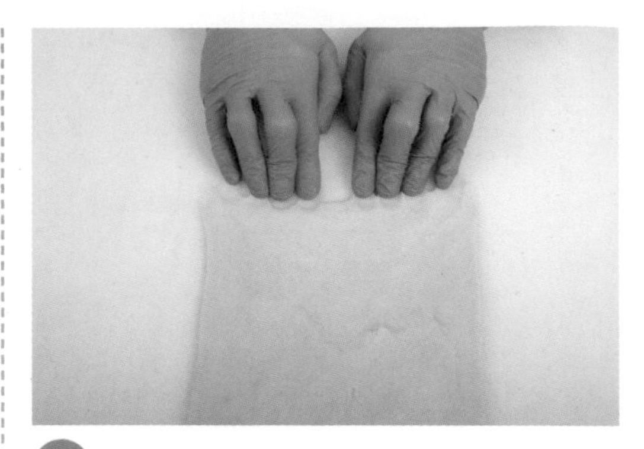

5 底部壓薄。

★底部有壓薄，最後的收摺面就會緊密貼合麵團，不會凸出來一節。

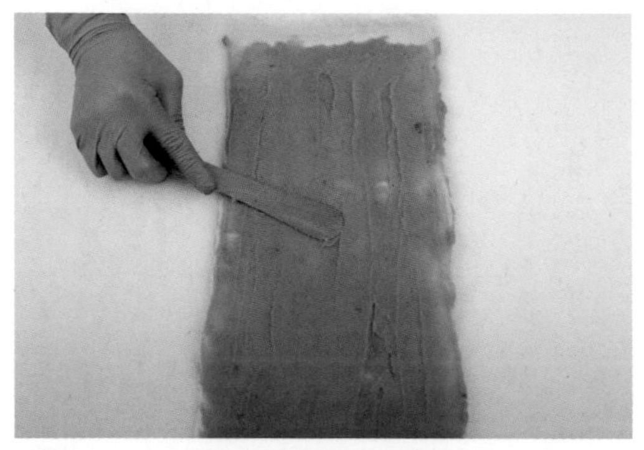

6 底部壓薄的部分留些許不抹餡，先抹麥之田地瓜餡 150g，抹平整。

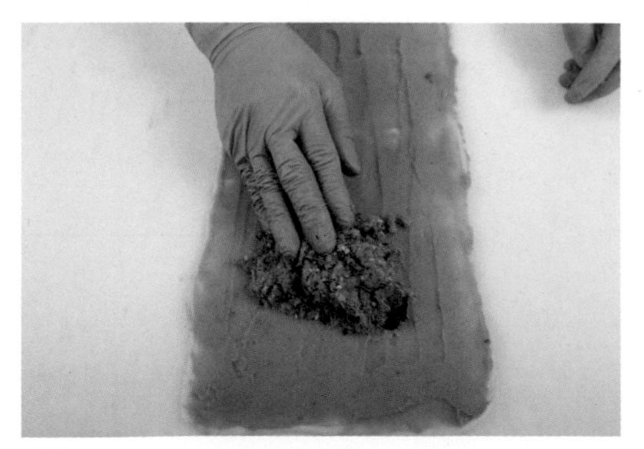

7 再鋪海苔肉鬆 40g，海苔盡量鋪平，鋪完稍微輕壓。

★有壓一下，材料比較不會位移，附著度比較好。

8 前述步驟有抹平 + 鋪平輕壓，後續會比較好捲。由上朝下捲，先一節一節朝下收摺一小段麵團。

9 此處稍微壓一下，讓最裡面的麵團薄一點點，發酵後才不會太密實。

10 接下來順順地朝下收摺即可，整體不要捲太緊，避免口感太緊實。

★作法 6 有保留底部壓薄的部分不抹餡，這個步驟的收整就可以收得很漂亮。

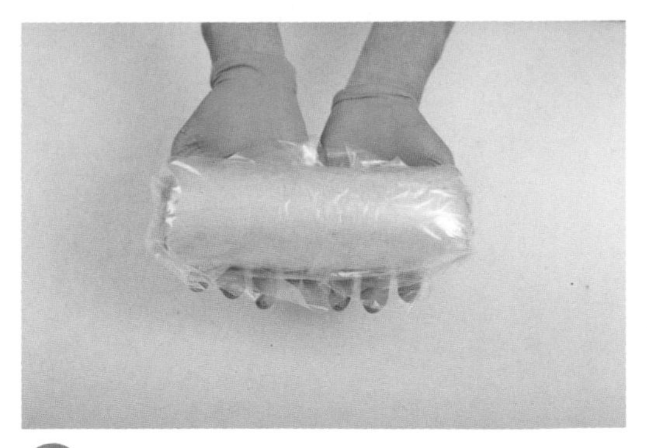

11 用袋子妥善包起，冷藏鬆弛 15～20 分鐘。

★麵皮必須鬆弛，鬆弛才能使麵皮操作後不回縮。

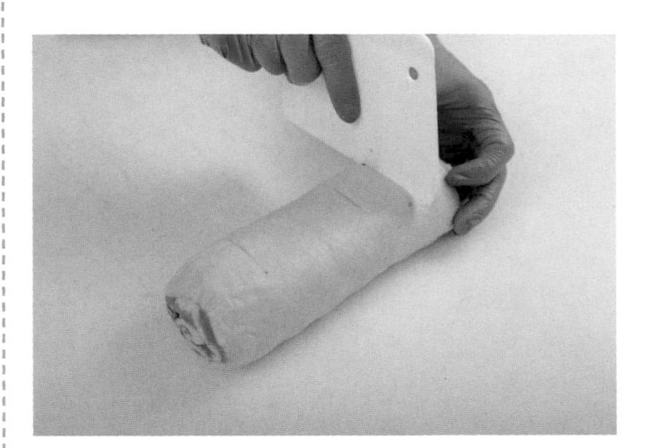

12 避免分切後大小不一，先用切麵刀輕輕壓出五等分。

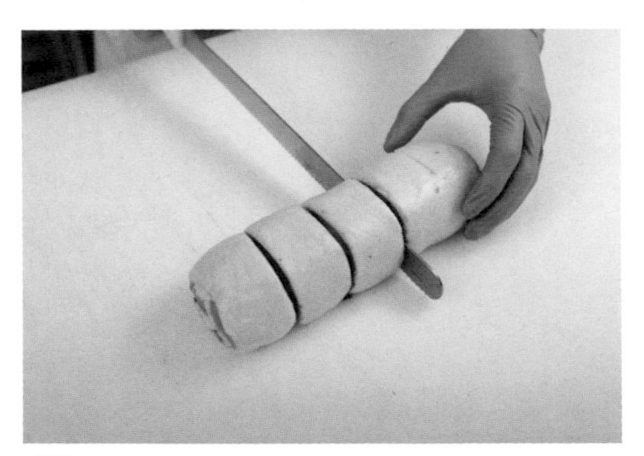

13 再進行分切，麵皮含抹餡 1 個重約 85～90g。

❻ 最後發酵

14 放入烤盤，參考【烘焙數據表】進行發酵。

★矽膠模具是幫助控制發酵後、烘烤的大小，家庭製作不使用也無妨。

❼ 烘烤

15 送入預熱好的烤箱，參考【烘焙數據表】烤熟。

❽ 烤後裝飾

16 出爐趁熱刷上適量自製糖水。

No.6

# 芋頭蛋黃卷

## 自製蛋黃醬皮

### 配方

| | |
|---|---|
| 鹹鴨蛋黃 | 適量 |
| 米酒 | 適量 |

### 作法

1. 鹹鴨蛋黃用清水洗淨，晾乾。
2. 間距相等放上不沾烤盤，表面噴少許米酒。
3. 送入預熱好的烤箱，設定上火170°C / 下火150°C，烤8～10分鐘，烤至微發白。
4. 冷卻後，送入冷藏冰硬，壓碎備用。

★鹹鴨蛋的分量可以根據製作數量調整。噴米酒可以去腥，只要確認每個鹹鴨蛋黃都有噴1～2下即可。

**裝飾**

全蛋液 適量
碎鹹蛋黃 適量

**內餡**

芋頭餡 200g
壓碎鴨蛋黃 50g

### 烘焙數據表

| | |
|---|---|
| ★備妥麵團 | 參考 P.20 ~ 21 完成至中間發酵 |
| ❺整　　形 | 參考步驟製作 |
| ❻最後發酵 | 靜置 50 分鐘<br>（溫度 30°C ／濕度 85%） |
| ❼烤前裝飾 | 刷全蛋液，撒少許碎鹹蛋黃 |
| ❽烘　　烤 | 上火 180°C ／下火 150°C，13 分鐘 |

**作法**

**★備妥麵團**

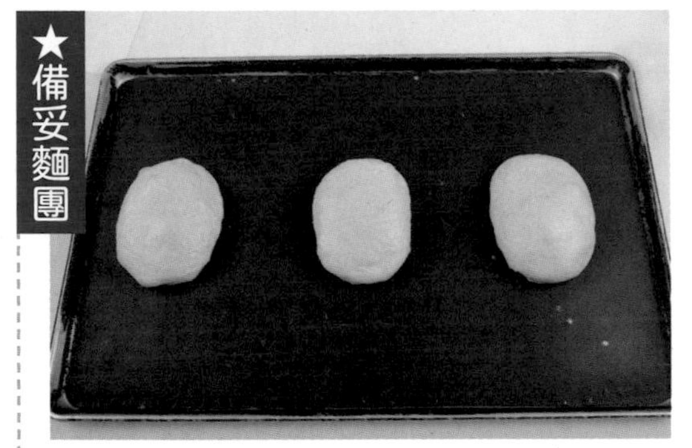

1 使用完成至中間發酵後的麵團，取下表面袋子。

**❺整形**

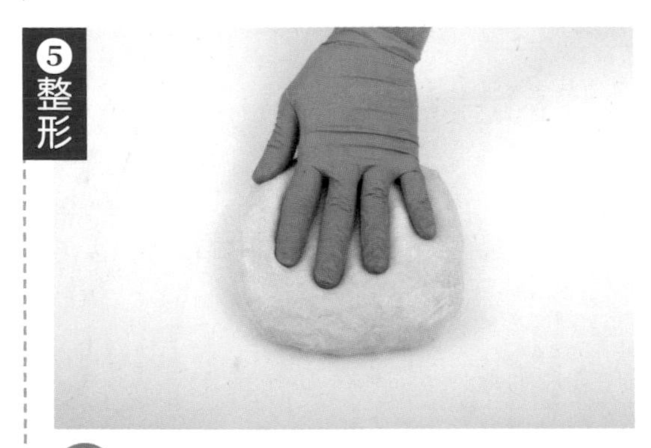

2 雙手沾適量手粉（沾高筋麵粉），麵團輕輕拍開排氣。

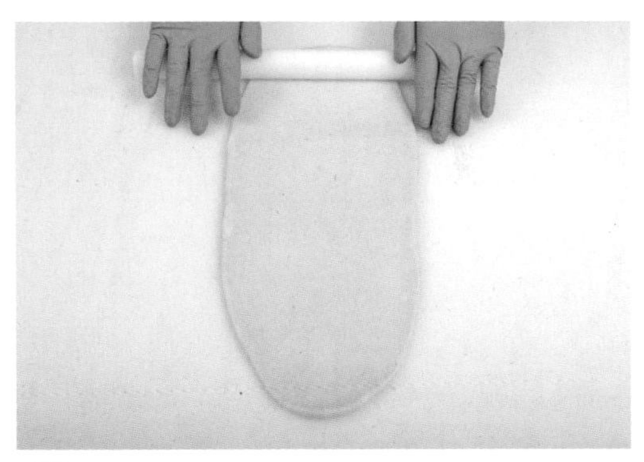

3 擀長 40、寬約 15 公分。
★先輕輕拍開適度排氣，避免直接用擀麵棍，麵團氣體排出過多，影響後續發酵。

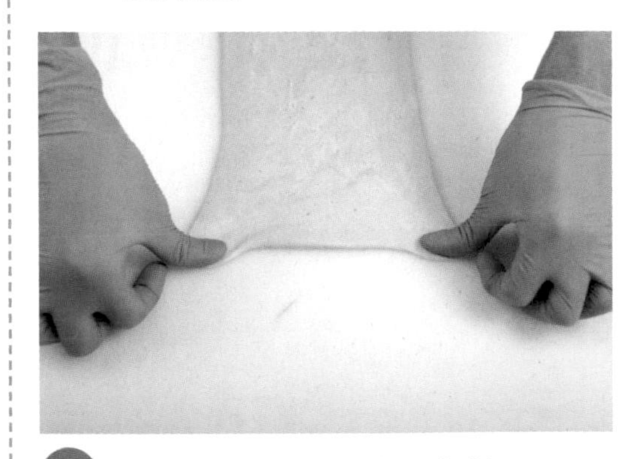

4 翻面，四邊拉平成長方片。
★有確實拉平成長方片，整形後就不會變成橄欖形，確保麵團每一節的發酵狀態大致一致，不會有一些特別厚，吃起來特別緊實。

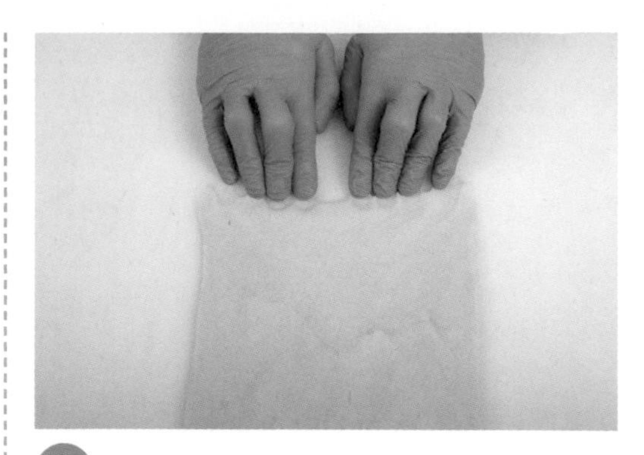

5 底部壓薄。

★底部有壓薄，最後的收摺面就會緊密貼合麵團，不會凸出來一節。

6 底部壓薄的部分留些許不抹餡，先抹芋頭餡 200g，抹平整。

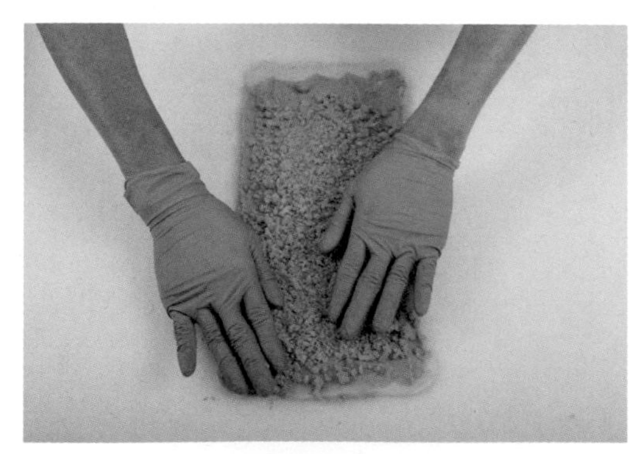

7 再鋪壓碎鹹蛋黃 50g，盡量鋪平，鋪完稍微輕壓。

★有壓一下，材料比較不會位移，附著度比較好。

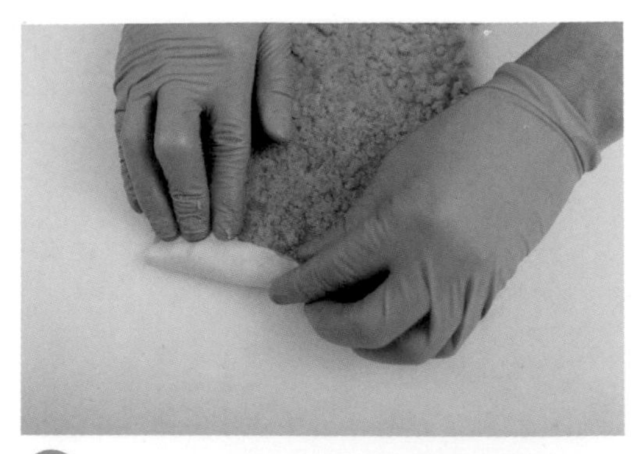

8 前述步驟有抹平 + 鋪平輕壓，後續會比較好捲。由上朝下捲，先一節一節朝下收摺一小段麵團。

9 此處稍微壓一下，讓最裡面的麵團薄一點點，發酵後才不會太密實。

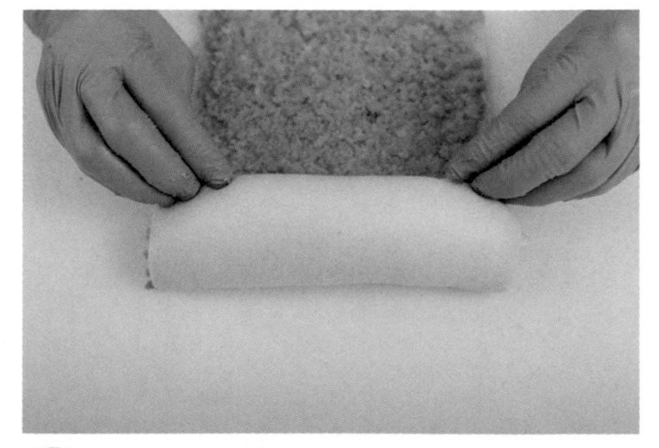

10 接下來順順地朝下收摺即可，整體不要捲太緊，避免口感太緊實。

★作法 6 有保留底部壓薄的部分不抹餡，這個步驟的收整就可以收得很漂亮。

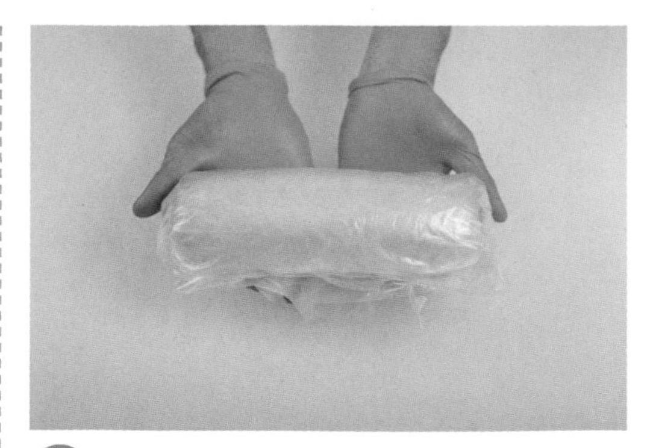

11 用袋子妥善包起，冷藏鬆弛 15～20 分鐘。

★麵皮必須鬆弛，鬆弛才能使麵皮操作後不回縮。

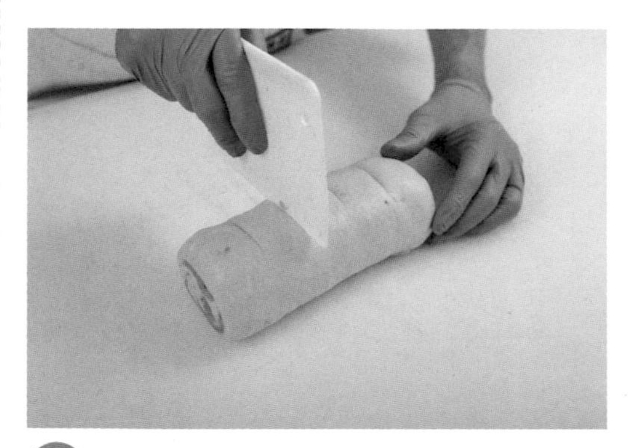

12 避免分切後大小不一，先用切麵刀輕輕壓出五等分。

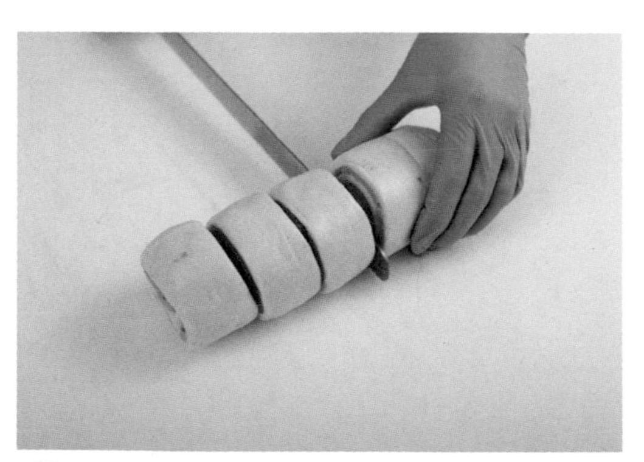

13 再進行分切，麵皮含抹餡 1 個重約 85～90g。

**❻ 最後發酵**

14 放入烤盤，參考【烘焙數據表】進行發酵。

★矽膠模具是幫助控制發酵後、烘烤的大小，家庭製作不使用也無妨。

**❼ 烤前裝飾**

15 刷全蛋液，撒少許碎鹹蛋黃。

**❽ 烘烤**

16 送入預熱好的烤箱，參考【烘焙數據表】烤熟。

No.7

# 清萃油桂卷

## 烘焙數據表

| | |
|---|---|
| ★備妥麵團 | 參考 P.20～21 完成至中間發酵 |
| ❺整　　形 | 參考步驟製作 |
| ❻最後發酵 | 靜置 50 分鐘<br>（溫度 30℃／濕度 85%） |
| ❼烘　　烤 | 上火 180℃／下火 150℃，13 分鐘 |
| ❽烤後裝飾 | 趁熱擠上適量自製焦糖醬 |

**內餡**
自製油桂餡 60g
碎核桃 60g

**裝飾**
自製焦糖醬 適量

## 自製油桂餡

**配方**

| | |
|---|---|
| 糖粉 | 225g |
| 油桂粉 | 22g |
| 可可粉 | 5g |
| 蛋白 | 65g |

**作法**

1. 糖粉、油桂粉、可可粉混合過篩。
2. 過篩粉類倒入鋼盆，再倒入蛋白，以打蛋器拌勻。
3. 拌勻後可以過篩，過篩可以確認粉類是否確實溶解、無結塊。

## 自製焦糖醬

**配方**

| | |
|---|---|
| 細砂糖 | 100g |
| 無鹽奶油 | 60g |
| 動物性鮮奶油 | 60g |

**作法**

1. 厚底鋼鍋加入細砂糖，中火煮至材料融化轉為褐色。
2. 微微沸騰時加入無鹽奶油，續煮至奶油化掉。
3. 分次加入動物性鮮奶油，此時會因為溫差產生大量水蒸氣，需注意安全。煮至冒泡全程約 40 秒，放涼後冷藏備用。

**作法**

1. **★備妥麵團** 使用完成至中間發酵後的麵團，取下表面袋子。
2. **⑤整形** 雙手沾適量手粉（沾高筋麵粉），麵團輕輕拍開排氣。
3. 擀長 40、寬約 15 公分。
   ★先輕輕拍開適度排氣，避免直接用擀麵棍，麵團氣體排出過多，影響後續發酵。
4. 翻面，四邊拉平成長方片。
   ★有確實拉平成長方片，整形後就不會變成橄欖形，確保麵團每一節的發酵狀態大致一致，不會有一些特別厚，吃起來特別緊實。

No.8

# 洛神花卷

## 自製洛神乳酪餡

**配方**

| | |
|---|---|
| 麥之田蜂蜜洛神丁 | 200g |
| 奶油乳酪 | 250g |
| 細砂糖 | 50g |
| 動物性鮮奶油 | 50g |

**作法**

1. 奶油乳酪軟化至 16～20℃，與細砂糖大致拌勻。
2. 分次加入動物性鮮奶油拌勻，加入麥之田蜂蜜洛神丁拌勻。

★這款麵包是由 P.20「★ Bread ！布里歐麵團」延伸而來。本書教學的布里歐麵團不只可以用白麵團做變化（如 No.1～7 系列產品），也可以與各式果乾一同攪打，比如加入蔓越莓乾、葡萄乾都可以。我的想法是，因為這款麵包甜度足足有 30%，屬於甜度高的產品，替換時若搭配帶酸的果乾，麵包本身的香甜味，搭配果乾微微的酸度，效果會更棒。

內餡

自製洛神乳酪餡 80g
麥之田蜂蜜洛神丁 40g

## 烘焙數據表

| | |
|---|---|
| ★備妥麵團 | 參考 P.20～21 完成至完全擴展 |
| ❷基本發酵 | 靜置 40 分鐘（室溫 25～26˚C ／濕度 80%） |
| ❸分　　割 | 300g |
| ❹中間發酵 | 室溫鬆弛發酵 20 分鐘<br>再冰冷藏 30 分鐘 |
| ❺整　　形 | 參考步驟製作 |
| ❻最後發酵 | 靜置 50 分鐘（溫度 30°C ／濕度 85%） |
| ❼烘　　烤 | 上火 180°C ／下火 150°C，13 分鐘 |

作法

1 **★備妥麵團** 使用完成至完全擴展之麵團，加入 20% 蜂蜜洛神花（對應 P.20 配方，20% 是 100g）。
★下奶油後再拉薄膜，可以發現延展性明顯變好。
★判斷完全擴展狀態的方法：將麵團拉出薄膜，薄膜破口呈圓潤、無鋸齒狀。

2 慢速攪打 1～2 分鐘，這邊只要攪打到蜂蜜洛神花丁均勻散入材料即可。
★洛神花太早加入會影響麵團筋性形成，所以打到完全擴展狀態後再加。攪打時盡量不要弄破它，所以要使用慢速。

3 桌面撒適量手粉（高筋麵粉），將麵團放上桌面，取一端朝中心摺疊。

4 再取另一端朝中心摺疊，此手法即為「三摺一」。

5 **❷基本發酵** 容器抹一些沙拉油，防止麵團沾黏，再把麵團放入，用蓋子蓋好。以室溫 25～26˚C（濕度 80%），發酵 40 分鐘。
★發酵後麵團明顯變大，約會變大 1.5～2 倍。

6 **❸分割** 桌面撒適量手粉（高筋麵粉），用切麵刀分割 300g。
★根據「井」字形分割，不可亂切，多餘的麵團收入底部。

7 **❹中間發酵** 間距相等排入不沾烤盤，蓋上袋子室溫鬆弛發酵 20 分鐘，再冰冷藏 30 分鐘。

8 **❺整形** 雙手沾適量手粉（沾高筋麵粉），麵團輕輕拍開排氣，擀長 40、寬約 15 公分。
★先輕輕拍開適度排氣，避免直接用擀麵棍，麵團氣體排出過多，影響後續發酵。

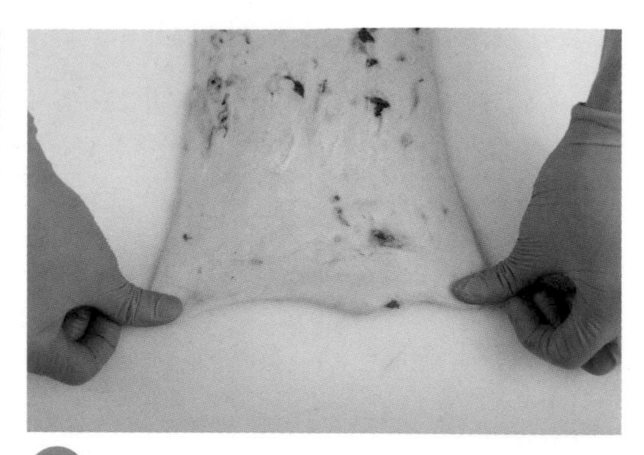

9 翻面，四邊拉平成長方片。

★確保麵團每一節的發酵狀態大致一致，不會有一些特別厚，吃起來特別緊實。

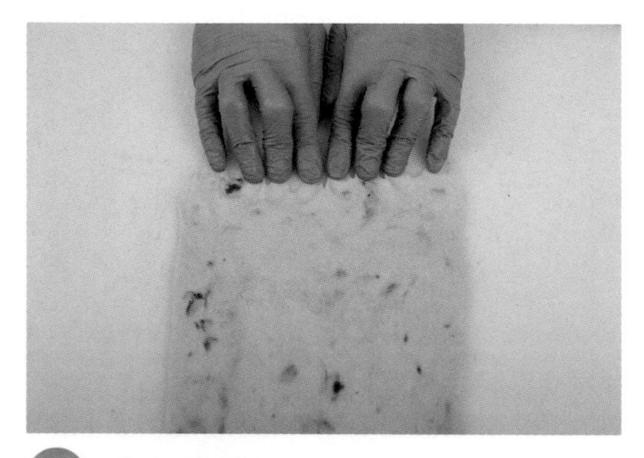

10 底部壓薄。

★底部有壓薄，最後的收摺面就會緊密貼合麵團，不會凸出來一節。

11 底部壓薄的部分留些許不抹餡，先抹自製洛神乳酪餡 80g，抹平整。

12 再鋪麥之田蜂蜜洛神丁 40g，盡量鋪平，鋪完稍微輕壓。

★有壓一下，材料比較不會位移，附著度比較好。

13 前述步驟有抹平 + 鋪平輕壓，後續會比較好捲。由上朝下捲，先一節一節朝下收摺一小段麵團。

14 此處稍微壓一下，讓最裡面的麵團薄一點點，發酵後才不會太密實。

15 接下來順順地朝下收摺即可，整體不要捲太緊，避免口感太緊實。

★作法 11 有保留底部壓薄的部分不抹餡，這個步驟的收整就可以收得很漂亮。

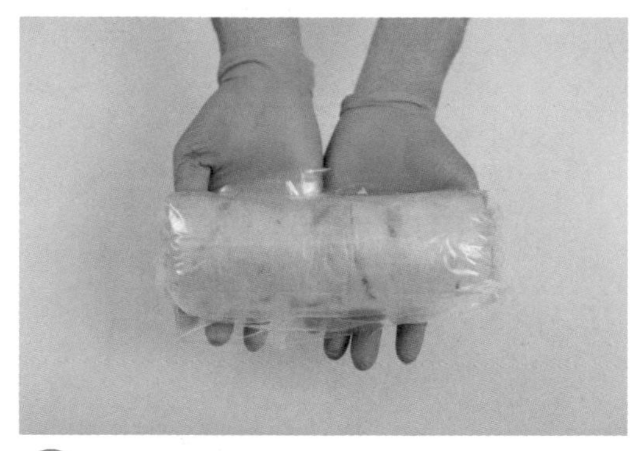

16 用袋子妥善包起，冷藏鬆弛 15～20 分鐘。

★麵皮必須鬆弛，鬆弛才能使麵皮操作後不回縮。

17 避免分切後大小不一，先用切麵刀輕輕壓出五等分。

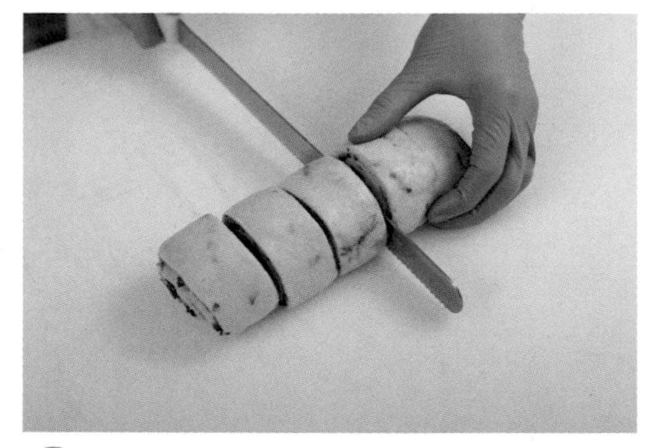

18 再進行分切，麵皮含抹餡 1 個重約 85～90g。

## ❻ 最後發酵

19 放入烤盤，參考【烘焙數據表】進行發酵。

★矽膠模具是幫助控制發酵後、烘烤的大小，家庭製作不使用也無妨。

## ❼ 烘烤

20 送入預熱好的烤箱，參考【烘焙數據表】烤熟。

# Part 3

# 圈圈系列

## 貝 果 湯 種 麵 團

貝果的特性就是「Q」，所以設計麵團時我會往口感 Q 彈去發想。配方有添加 15% 的湯種，主麵團的液態就會少一點，這支麵團主要適用喜歡 Q 彈口感的消費者，是針對這樣的族群設計的配方。

這樣的配方，我們在攪拌時會比單元 2 布里歐麵團簡單一些，麵團的終溫維持在 27°C 左右，是一支讓讀者很好上手的配方。

# ★ Bread ！貝果湯種麵團

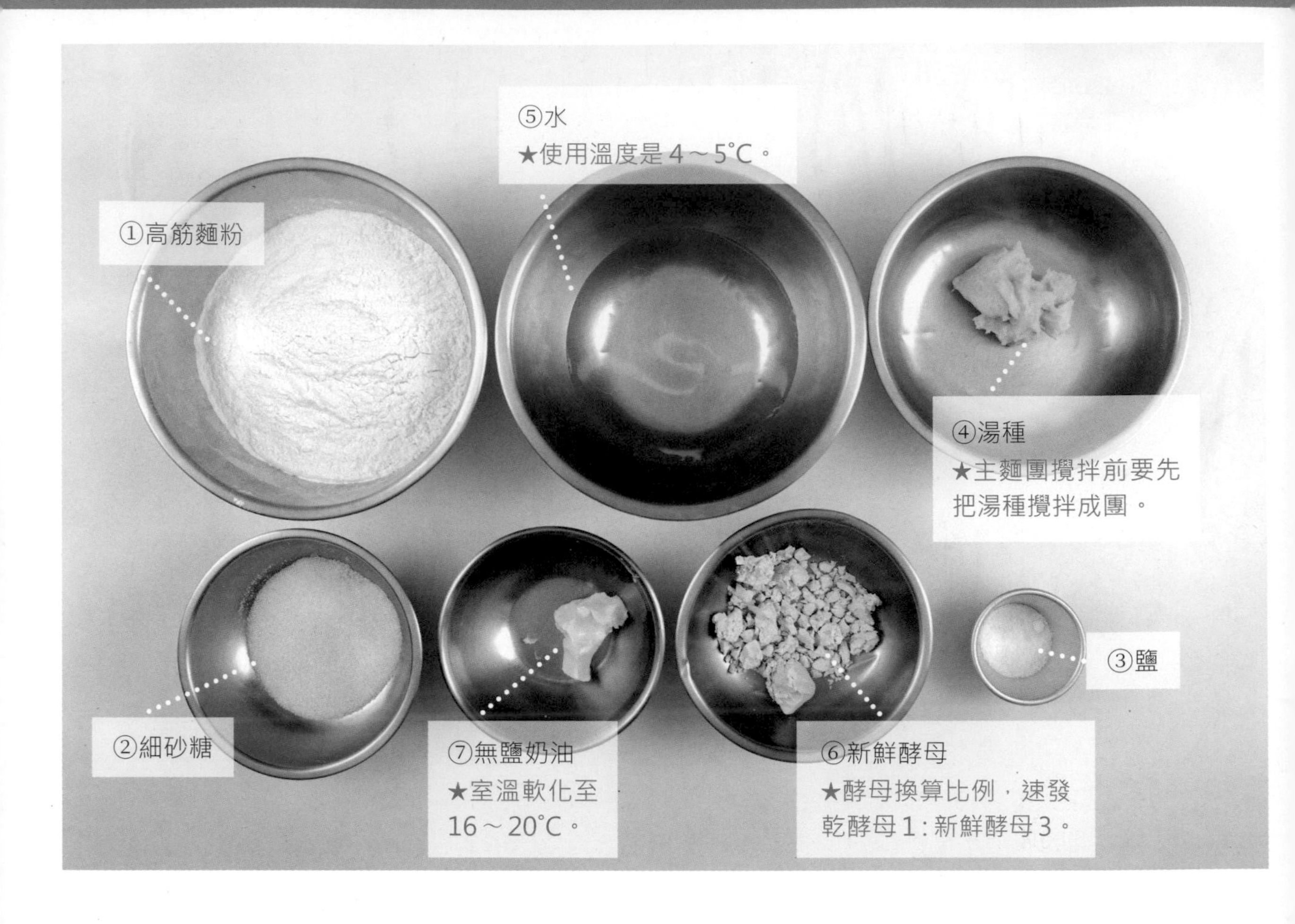


**湯種**

| 材料 | % | g |
|---|---|---|
| 高筋麵粉 | 50 | 150 |
| 細砂糖 | 5 | 15 |
| 鹽 | 0.2 | 0.6 |
| 水 | 55 | 165 |

**主麵團**

| 材料 | % | g |
|---|---|---|
| ①高筋麵粉 | 50 | 150 |
| ②細砂糖 | 2.5 | 7.5 |
| ③鹽 | 0.8 | 2.4 |
| ④湯種 | 15 | 45 |
| ⑤水 | 25 | 75 |
| ⑥新鮮酵母 | 1.5 | 4.5 |
| ⑦無鹽奶油 | 3 | 9 |

**作法**

1 攪拌缸加入湯種麵團材料，慢速攪拌 3～5 分鐘，讓乾性材料吸收濕性材料。

2 材料大致均勻後，轉中速攪拌 5～8 分鐘，攪拌至成團。

❶ 攪拌

1 攪拌缸先加入高筋麵粉、細砂糖、鹽、湯種，再加入水。

2 慢速攪打 3～5 分鐘，讓乾性材料吸收濕性材料，材料大致均勻。

3 加入新鮮酵母。

★鹽與糖會影響酵母的發酵力道，所以要後下。

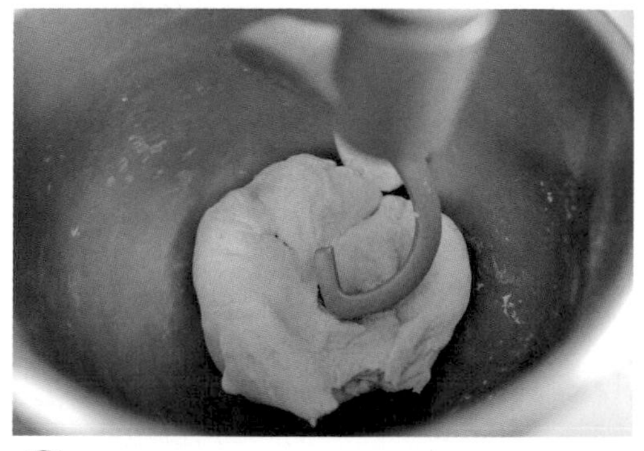

4 先慢速 3 分鐘，讓麵團與酵母結合，轉中速攪打 7～8 分鐘，把麵團的筋性打出來。

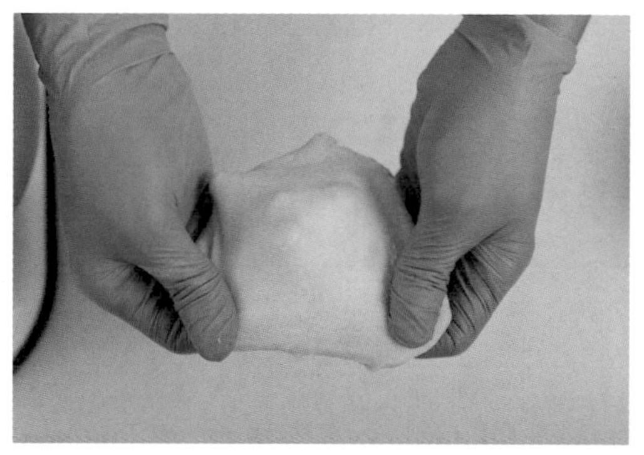

5 雙手拉扯麵團，扯出薄膜，此時的薄膜狀態不會呈現透明感，看不太到手套的顏色。

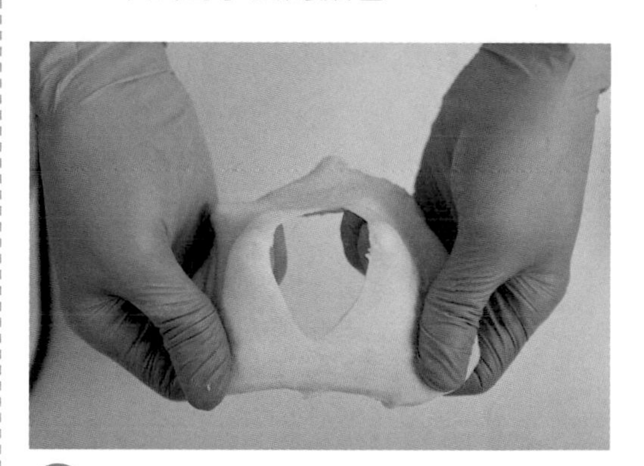

6 手指把麵皮戳開觀察破口，破口邊緣呈些許鋸齒狀，數量不會很密集。這個狀態是比擴展再多一點，接近完全擴展但尚未達到。

7 加入無鹽奶油，轉慢速攪打 2～3 分鐘，打到奶油與麵團結合。機器不同，攪拌時間僅供參考，具體要看麵團狀態。

8 轉中速攪打 5～8 分鐘，攪打到麵團成完全擴展狀態。大家可以每 2～3 分鐘確認一次麵團狀態。

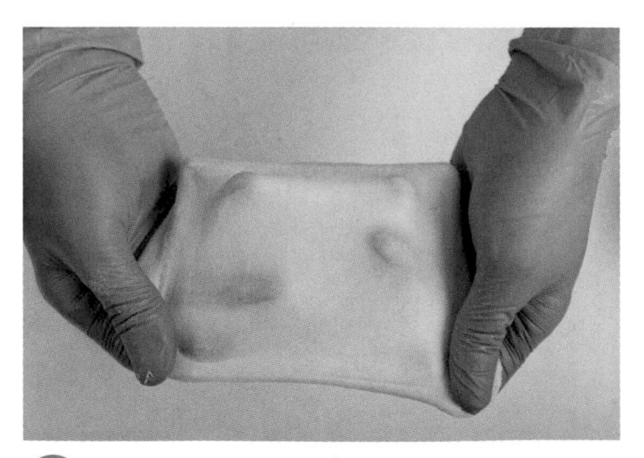

9 雙手拉扯麵團，扯出薄膜，此時的麵團具備延展性，薄膜會有透明感，可以清楚看到手套的顏色。

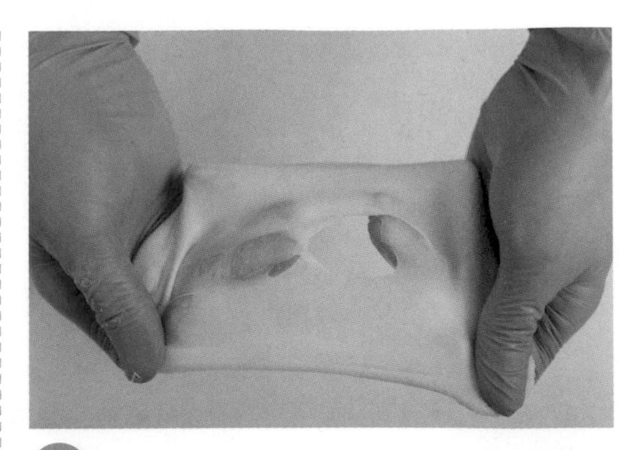

10 手指把麵皮戳開觀察破口，破口邊緣呈光滑狀，看不到鋸齒感。

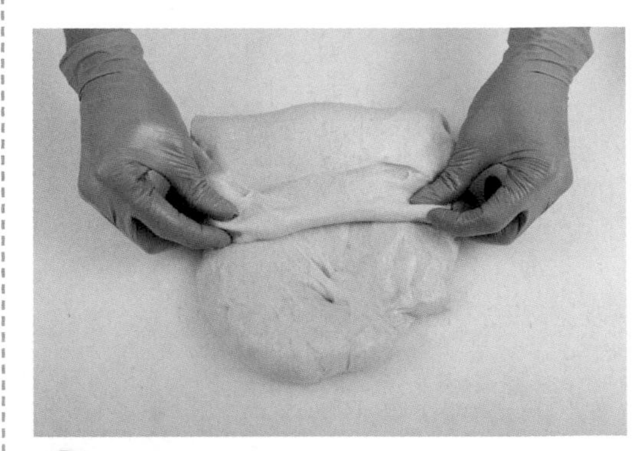

11 桌面撒適量手粉（高筋麵粉），將麵團放上桌面，取一端朝中心摺疊。

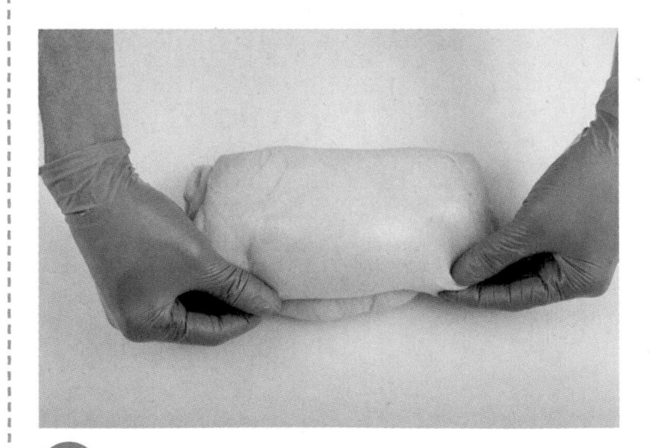

12 再取另一端朝中心摺疊。此手法即為「三摺一」。

❷ 基本發酵

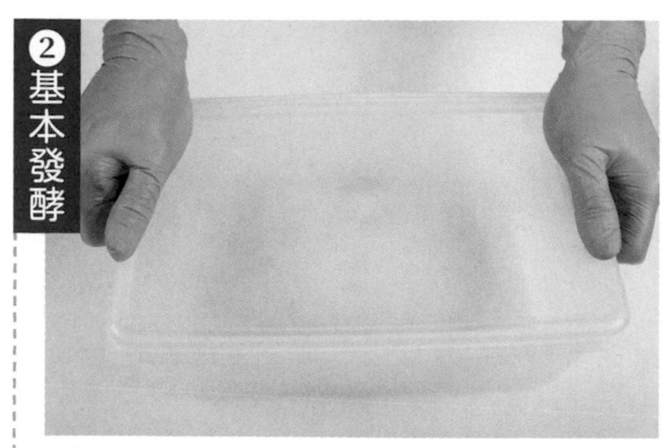

13 容器抹一些沙拉油，防止麵團沾黏，放入麵團用蓋子蓋好。以溫度25～27℃（濕度40～50%），發酵30分鐘。

❸ 分割

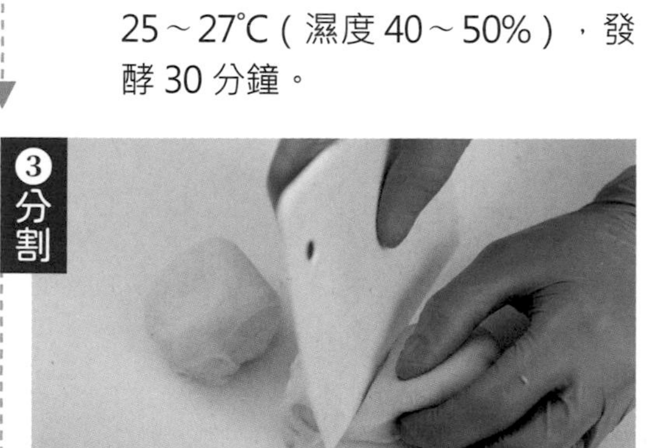

14 桌面撒適量手粉（高筋麵粉），根據「井」字形分割，不可亂切。多餘的麵團收入底部，每個分割80g。

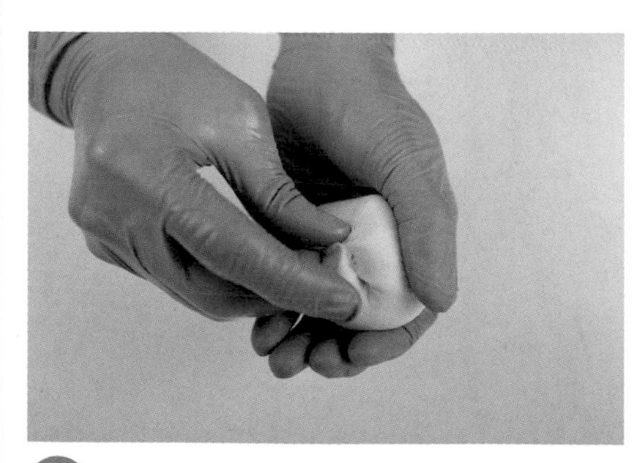

15 一手托住光滑面，把底部朝上，捏住邊緣的麵團朝中心收摺。

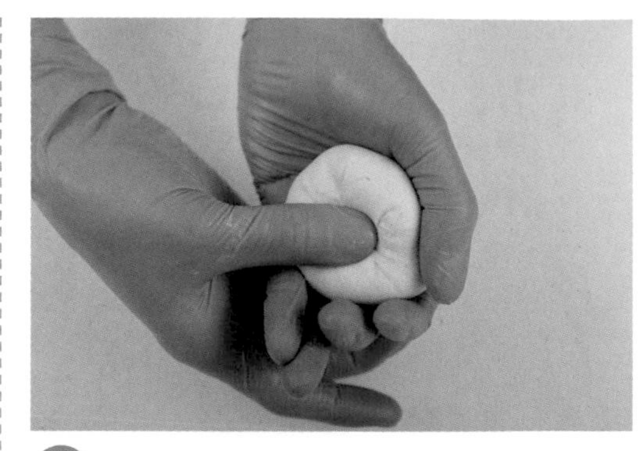

16 重複約2～4次，確認麵團每個面都收整到按壓底部。

17 如上圖，收整面會呈現這個模樣，間距相等排入發酵容器，準備發酵。

❹ 中間發酵

18 光滑面會呈現如上圖模樣，蓋上袋子，以溫度25～27℃（濕度40～50%），發酵15～20分鐘。

No.9

# 紅豆圈

## 烘焙數據表

| | |
|---|---|
| ★備妥麵團 | 參考 P.52～55 完成至中間發酵 |
| ❺整　形 | 參考步驟製作 |
| ❻後發燙水 | 靜置 20 分鐘（溫度 25～27°C／濕度 40～50%），燙自製貝果糖水 5～10 秒 |
| ❼烘　烤 | 上火 190°C／下火 160°C，12 分鐘 |

## 自製貝果糖水

**配方**

| | |
|---|---|
| 細砂糖 | 10g |
| 水 | 600g |

**作法**

在最後發酵階段再將所有材料備妥，一同煮滾。

**餡料**

自製奶酥餡 15g（詳 P.27）
臺灣特級真紅豆餡 15g

**作法**

★備妥麵團

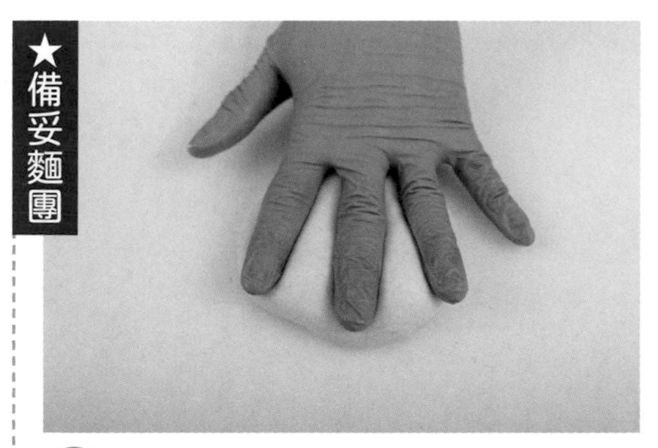

1 使用完成至中間發酵後的麵團，取下表面袋子，雙手沾適量手粉（高筋麵粉），輕輕拍開排氣。

❺ 整形

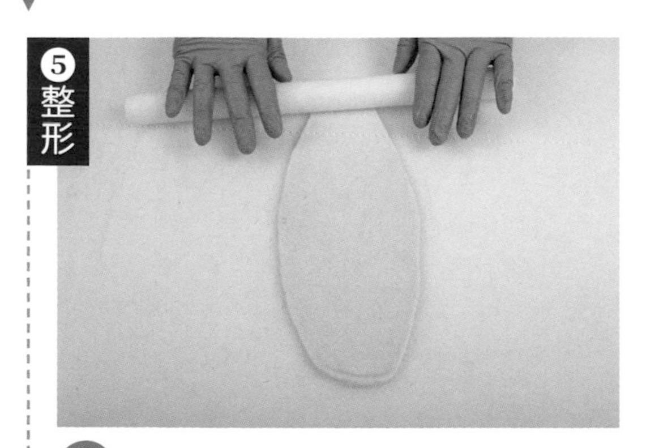

2 擀長約 20 公分。

★先輕輕拍開適度排氣，避免直接用擀麵棍，麵團氣體排出過多，影響後續發酵。

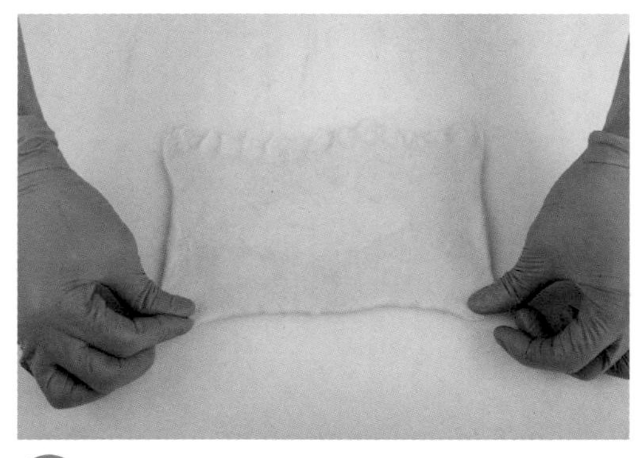

3 翻面，四邊拉平成長方片，底部壓薄。

★整形後就不會變成橄欖形，確保麵團每一節的發酵狀態大致一致，不會有一些特別厚，吃起來特別緊實。

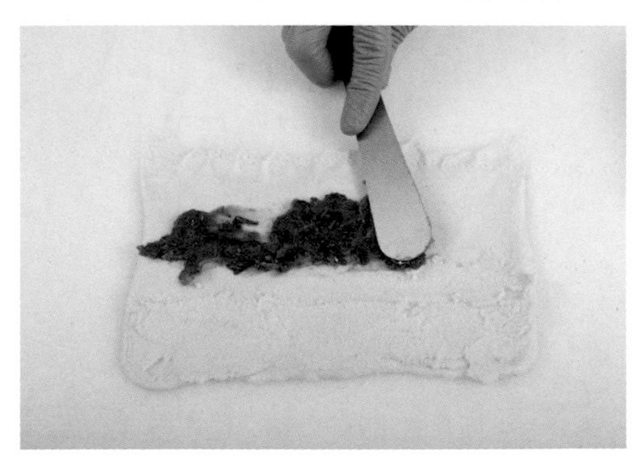

4 底部壓薄的部分留些許不抹餡，其餘抹上自製奶酥餡 15g、臺灣特級真紅豆餡 15g。

★底部有壓薄，最後的收摺面就會緊密貼合麵團，不會凸出來一節。

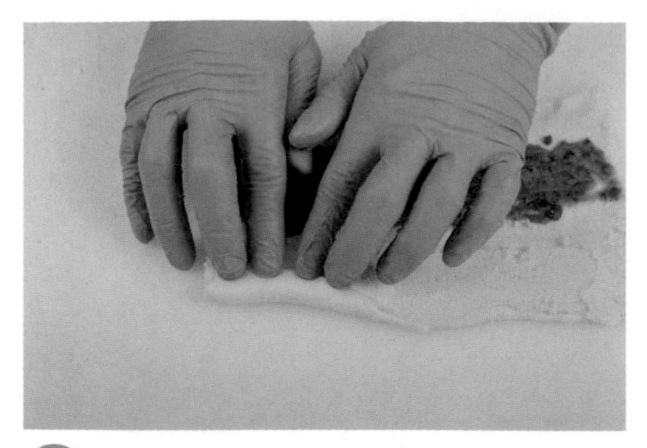

5 餡料抹平整，後續會比較好捲。由上朝下捲，先一節一節朝下收摺一小段麵團。

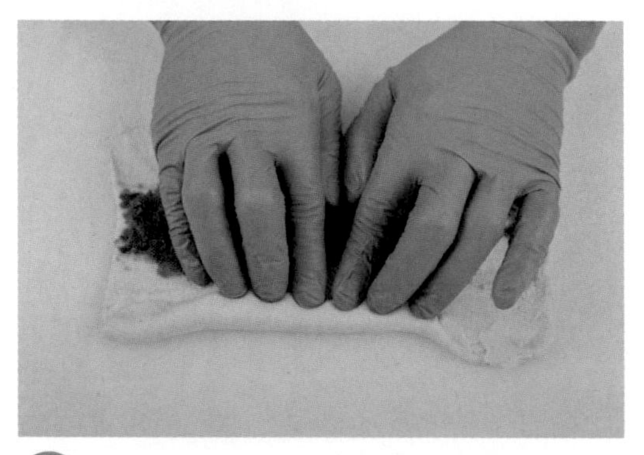

6 此處稍微壓一下，讓最裡面的麵團薄一點點，發酵後才不會太密實。

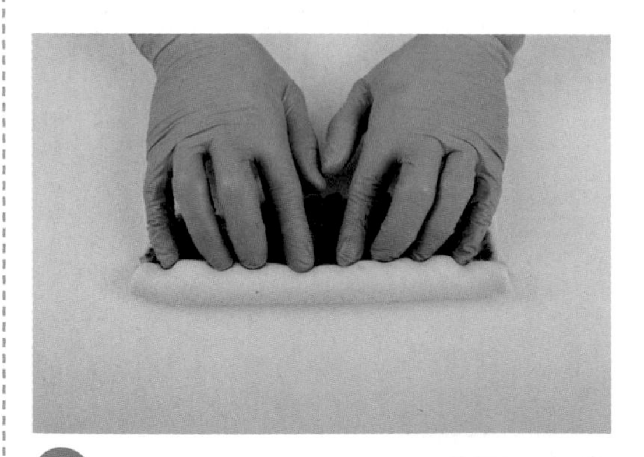

7 接下來順順地朝下收摺即可，整體不要捲太緊，避免口感太緊實。

★作法 4 有保留底部壓薄的部分不抹餡，這個步驟的收整就可以收得很漂亮。

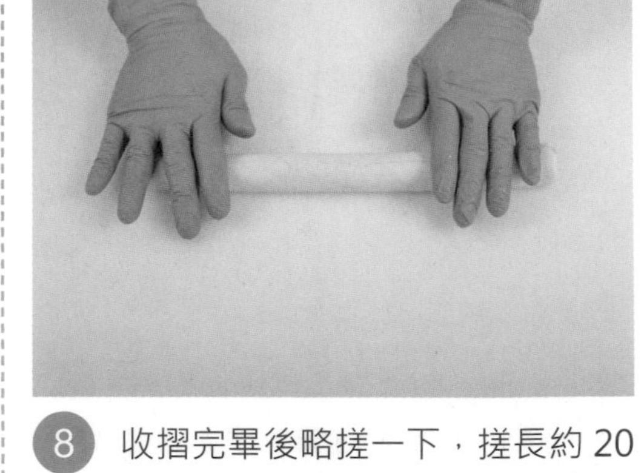

8 收摺完畢後略搓一下，搓長約 20 公分，讓麵團結合的更好一點。

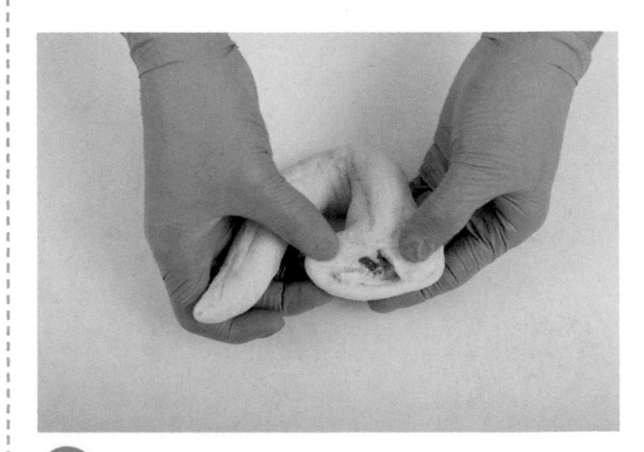

9 拾起麵團，一手捉頭一手捉尾，把一端稍微壓開。

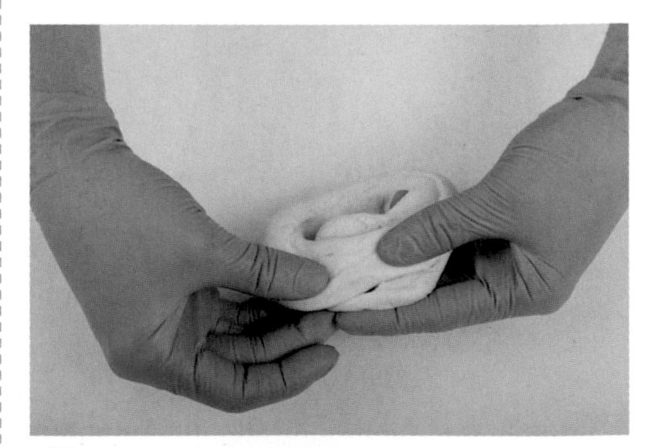

10 把另一端麵團放進去。

★壓開的麵團會包覆放入的麵團，所以放入的那一端建議作法 8 可以搓稍微細一點。

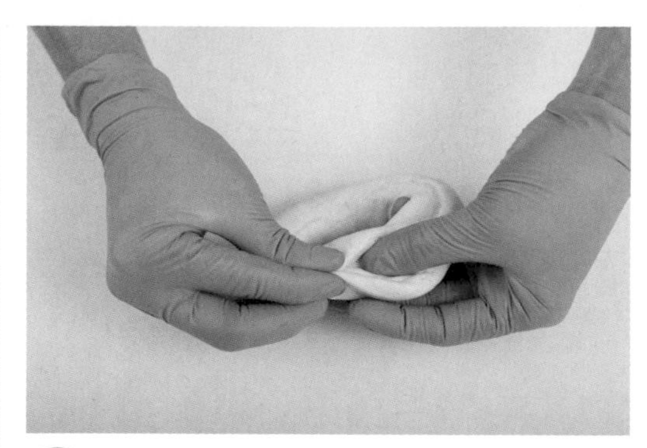

11 一手按住麵團，另一手用食指與大拇指把壓開的麵團包覆細麵團，捏合。

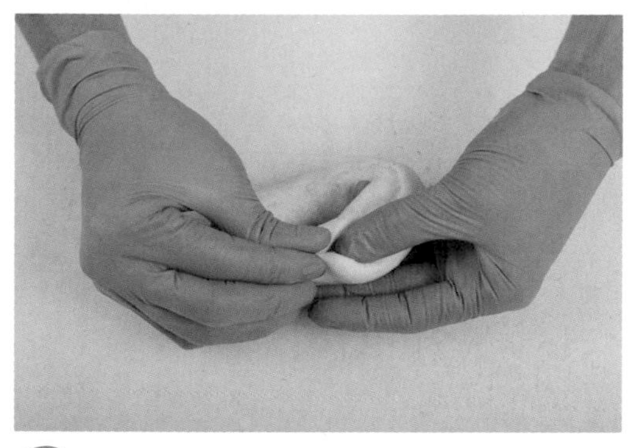

12 不要跳著捏合，從開口較大的那一側開始，依序捏合完畢。

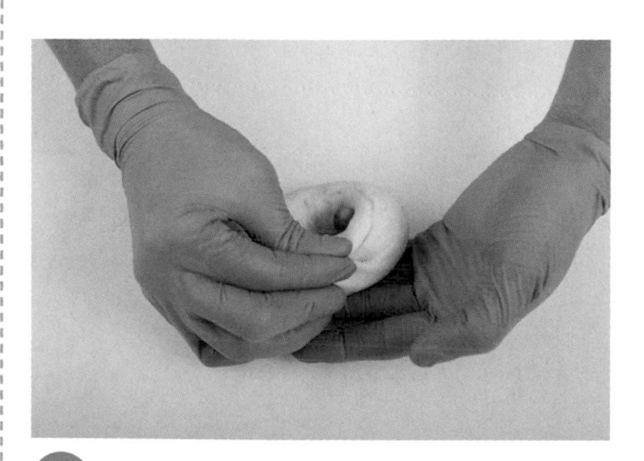

13 如果每個步驟都有做確實，大小就不會落差太多，不會有一節特別肥大。

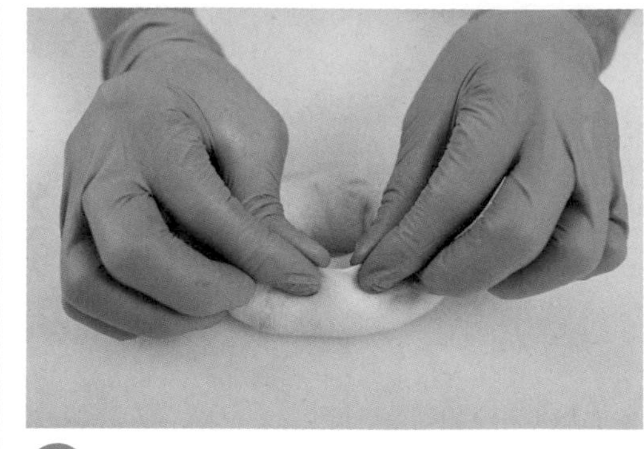

14 放上桌面再次檢視麵團，輕輕捏合，間距相等排入不沾烤盤，準備進行最後發酵。

## 6 後發燙水

15 放入烤盤，參考【烘焙數據表】進行發酵。發酵完成前 5 分鐘，把貝果放入自製貝果糖水中滾煮 5～10 秒，撈起瀝乾水分，表面風乾，間距相等放入不沾烤盤。

## 7 烘烤

16 送入預熱好的烤箱，參考【烘焙數據表】烤熟。

No.10

# 黃金起司馬薯乳酪圈

## 烘焙數據表

| | |
|---|---|
| ★備妥麵團 | 參考 P.52～55 完成至中間發酵 |
| ❺整　形 | 參考步驟製作 |
| ❻後發燙水 | 靜置 20 分鐘（溫度 25～27°C／濕度 40～50%），燙自製貝果糖水 5～10 秒 |
| ❼烤前裝飾 | 刷全蛋液，沾乳酪絲 |
| ❽烘　烤 | 上火 190°C／下火 160°C，12 分鐘 |

## 自製貝果糖水

**配方**

| | |
|---|---|
| 細砂糖 | 10g |
| 水 | 600g |

**作法**

在最後發酵階段再將所有材料備妥，一同煮滾。

內餡

自製馬薯乳酪餡 15g

裝飾

全蛋液 適量

乳酪絲 適量

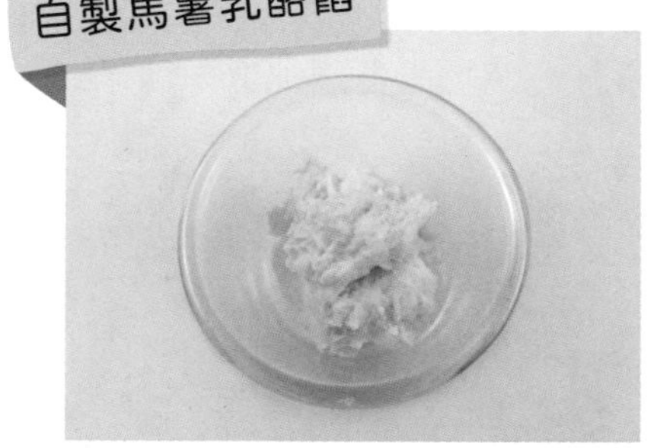


**配方**

| | |
|---|---|
| 馬鈴薯 | 500g |
| 奶油乳酪 | 100g |
| 細砂糖 | 100g |

**作法**

1. 奶油乳酪室溫軟化，回溫到約16～20℃。
2. 馬鈴薯洗淨削皮，蒸熟後秤出配方量，再壓成泥、過篩。
3. 所有材料一同拌勻，放涼即可使用。
   ★奶油乳酪有回溫、馬鈴薯趁熱拌會比較好拌。

**作法**

1 **★備妥麵團** 使用完成至中間發酵後的麵團，取下表面袋子，雙手沾適量手粉(高筋麵粉)，輕輕拍開排氣。

2 **❺整形** 擀長約 20 公分。
★先輕輕拍開適度排氣，避免直接用擀麵棍，麵團氣體排出過多，影響後續發酵。

3 翻面，四邊拉平成長方片，底部壓薄。
★確保麵團每一節的發酵狀態大致一致，不會有一些特別厚，吃起來特別緊實。

4 把備妥的自製馬薯乳酪餡裝入擠花袋中，在底部無壓薄的那端擠 15～20g。
★底部有壓薄，最後的收摺面就會緊密貼合麵團，不會凸出來一節。

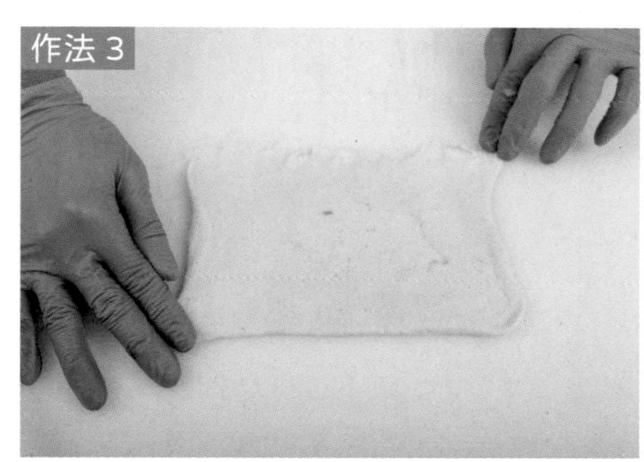
作法 3

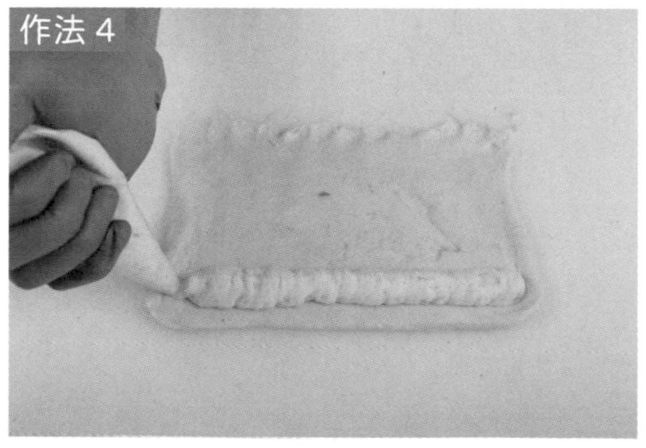
作法 4

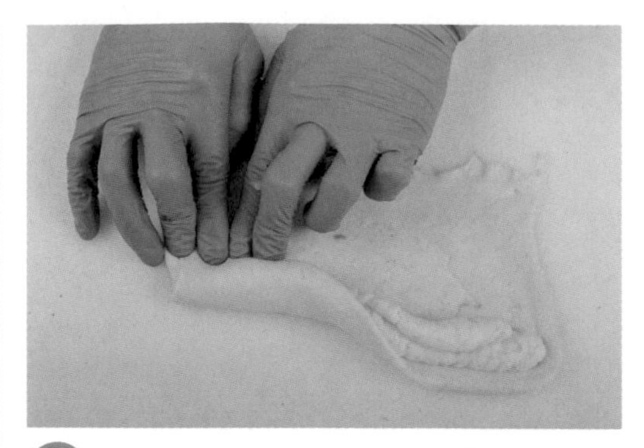

5 餡料擠的時候不要太貼邊緣，先一節一節收摺一小段麵團。

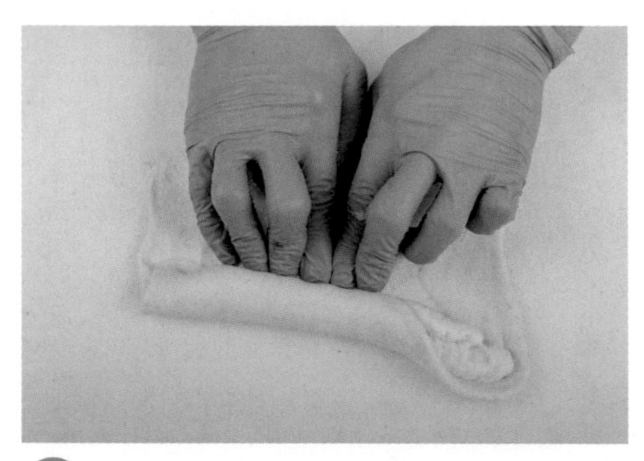

6 收摺後稍微壓一下，讓最裡面的麵團薄一點點，發酵後才不會太密實，也可以更好的把餡料包覆。

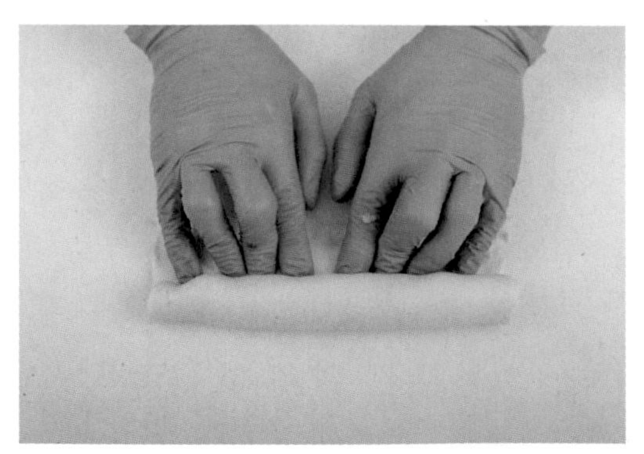

7 接下來順順地朝下收摺即可，整體不要捲太緊，避免口感太緊實。

★作法 3 有把底部壓薄，這個步驟的收整就可以收得很漂亮。

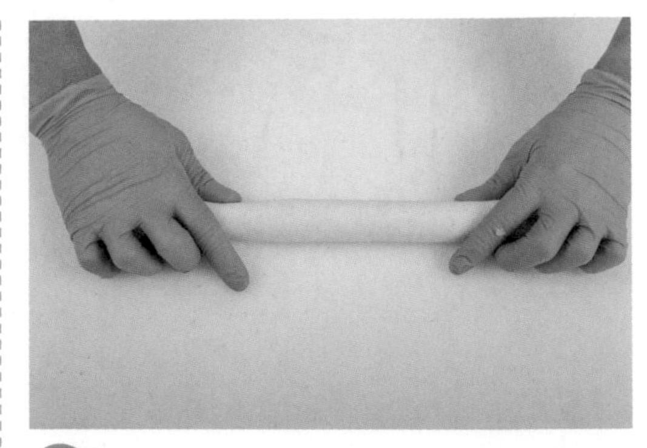

8 收摺完畢後略搓一下，搓長約 25 公分，讓麵團結合的更好一點。

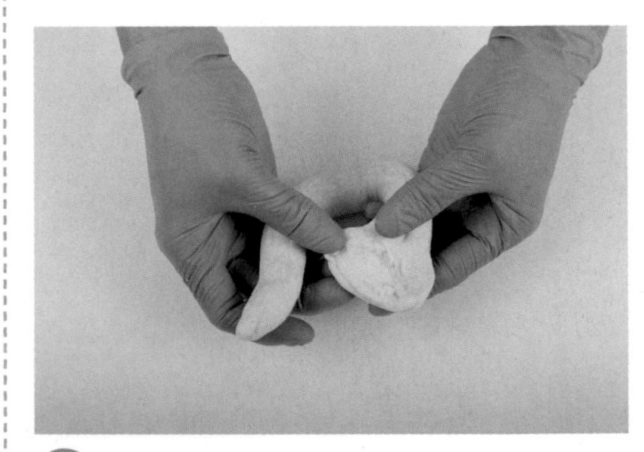

9 拾起麵團，一手捉頭一手捉尾，把一端稍微壓開。

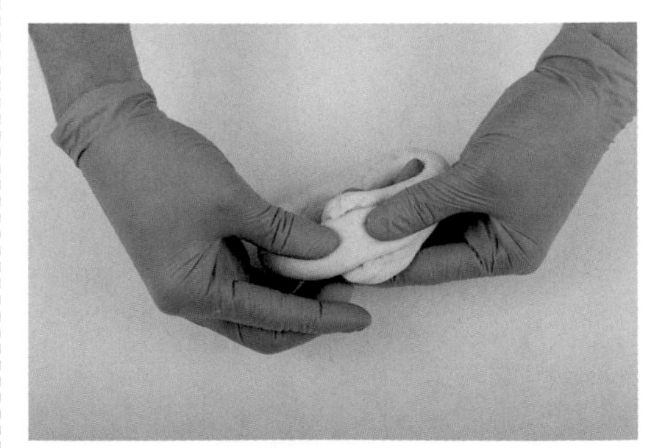

10 把另一端麵團放進去。

★壓開的麵團會包覆放入的麵團，所以放入的那一端建議作法 8 可以搓稍微細一點。

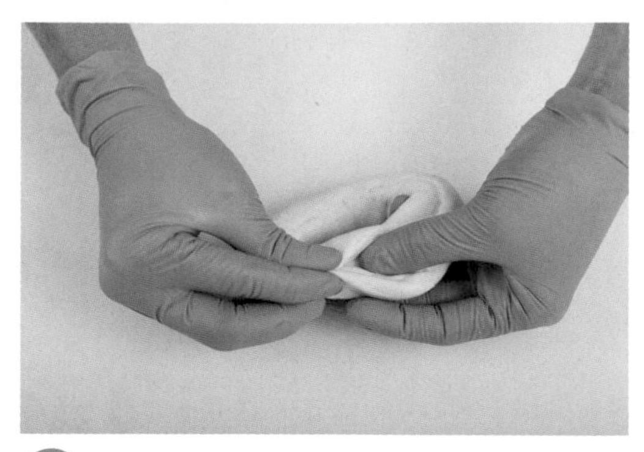

11 一手按住麵團，另一手用食指與大拇指把壓開的麵團包覆細麵團，捏合。

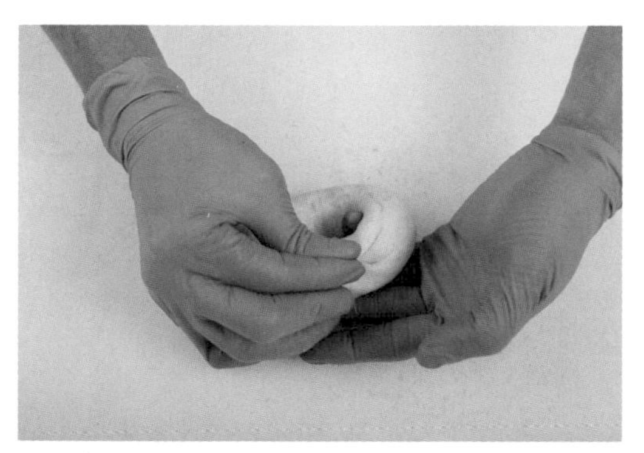

12 如果每個步驟都有做確實，大小就不會落差太多，不會有一節特別肥大。

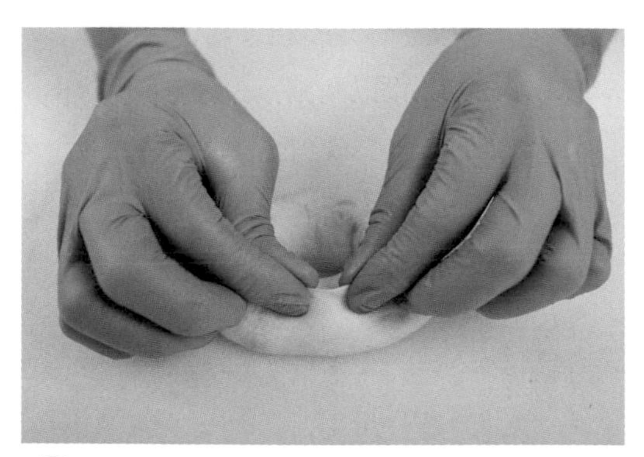

13 放上桌面再次檢視麵團，輕輕捏合，間距相等排入不沾烤盤，準備進行最後發酵。

❻ 後發燙水

14 放入烤盤，參考【烘焙數據表】進行發酵。發酵完成前 5 分鐘，把貝果放入自製貝果糖水中滾煮 5～10 秒，撈起瀝乾水分，表面風乾。

❼ 烤前裝飾

15 表面刷全蛋液，兩手捏住底部，沾上乳酪絲，間距相等放入不沾烤盤。

❽ 烘烤

16 送入預熱好的烤箱，參考【烘焙數據表】烤熟。

No.11

# 雙紅紅藜紅豆卷圈

## 自製貝果糖水

**配方**

| 細砂糖 | 10g |
| --- | --- |
| 水 | 600g |

**作法**

在最後發酵階段再將所有材料備妥，一同煮滾。

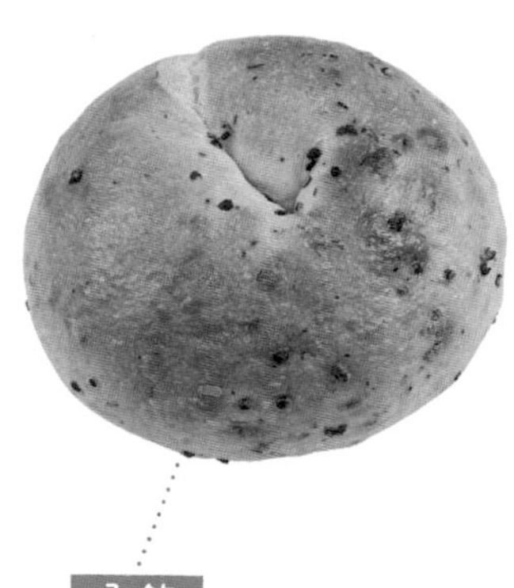

**內餡**

臺灣真紅豆粒 15g

## 烘焙數據表

| | |
|---|---|
| ★備妥麵團 | 參考 P.52～55 完成至完全擴展 |
| ❷基本發酵 | 靜置 30 分鐘（溫度 25～27°C ／濕度 40～50%） |
| ❸分　割 | 80g |
| ❹中間發酵 | 靜置 15～20 分鐘（溫度 25～27°C ／濕度 40～50%） |
| ❺整　形 | 參考步驟製作 |
| ❻後發燙水 | 靜置 20 分鐘（溫度 25～27°C ／濕度 45～50%），燙自製貝果糖水 5～10 秒 |
| ❼烘　烤 | 上火 190°C ／下火 160°C，12 分鐘 |

**作法**

1. **★備妥麵團** 使用完成至完全擴展之麵團，加入 5% 煮熟藜麥（對應 P.52 配方，5% 是 15g）。
   ★下奶油後再拉薄膜，可以發現延展性明顯變好。
   ★判斷完全擴展狀態的方法：將麵團拉出薄膜，薄膜破口呈圓潤、無鋸齒狀。
2. 慢速攪打 1～2 分鐘，這邊只要攪打到藜麥均勻散入材料即可。
3. 桌面撒適量手粉（高筋麵粉），將麵團放上桌面，取一端朝中心摺疊。
4. 再取另一端朝中心摺疊，此手法即為「三摺一」。
5. **❷基本發酵** 容器抹一些沙拉油，防止麵團沾黏，再把麵團放入，用蓋子蓋好。靜置 30 分鐘（溫度 25～27°C ／濕度 40～50%）。
6. **❸分割** 桌面撒適量手粉（高筋麵粉），用切麵刀分割 80g，滾圓。
   ★根據「井」字形分割，不可亂切，多餘的麵團收入底部。
7. **❹中間發酵** 間距相等排入不沾烤盤，靜置 15～20 分鐘（溫度 25～27°C ／濕度 40～50%）。
8. **❺整形** 雙手沾適量手粉（沾高筋麵粉），麵團輕輕拍開排氣。
   ★先輕輕拍開適度排氣，避免直接用擀麵棍，麵團氣體排出過多，影響後續發酵。
9. 擀長約 25 公分。翻面，四邊拉平成長方片，底部壓薄。
   ★確保麵團每一節的發酵狀態大致一致，不會有一些特別厚，吃起來特別緊實。
   ★底部有壓薄，最後的收摺面就會緊密貼合麵團，不會凸出來一節。
10. 鋪上臺灣真紅豆粒 15g，鋪的時候不要太貼邊緣。

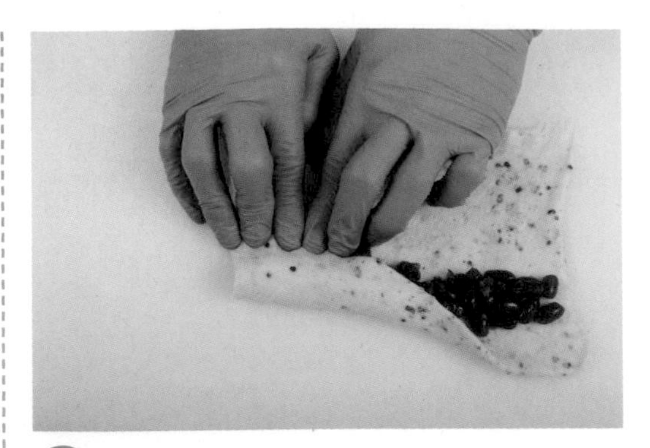

11 先一節一節收摺一小段麵團。

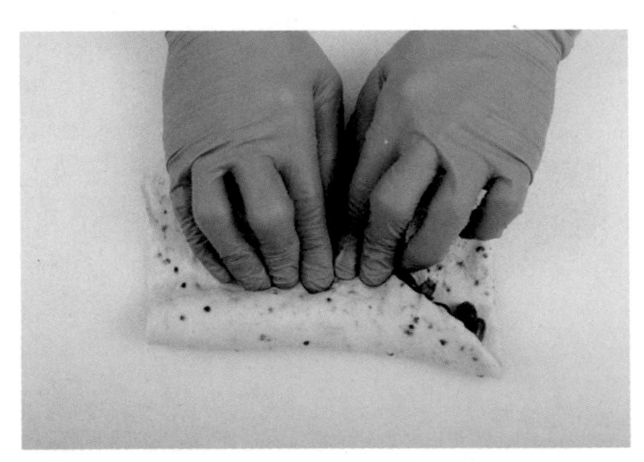

12 收摺後稍微壓一下，讓最裡面的麵團薄一點點，發酵後才不會太密實，也可以更好的把餡料包覆。

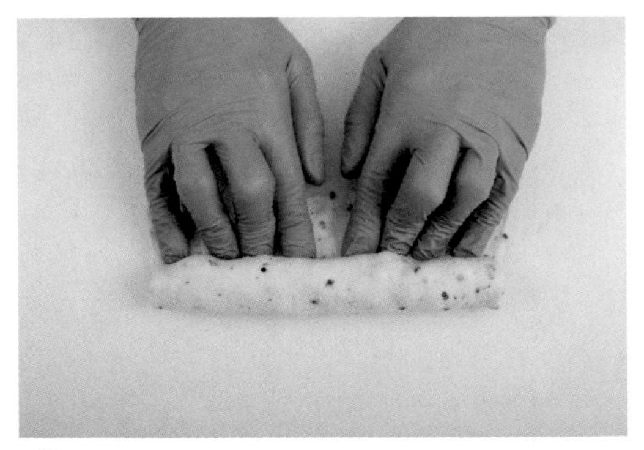

13 接下來順順地朝下收摺即可，整體不要捲太緊，避免口感太緊實。

★作法 9 有把底部壓薄，這個步驟的收整就可以收得很漂亮。

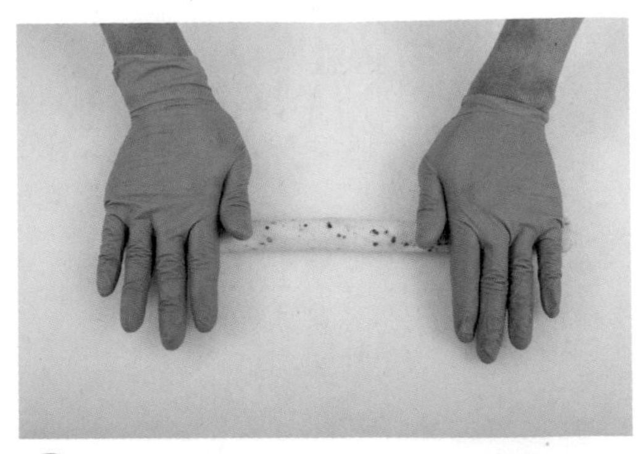

14 收摺完畢後略搓一下，讓麵團結合的更好一點。

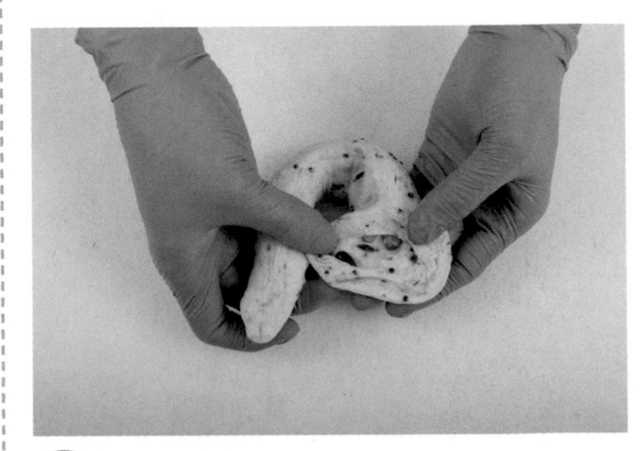

15 拾起麵團，一手捉頭一手捉尾，把一端稍微壓開。

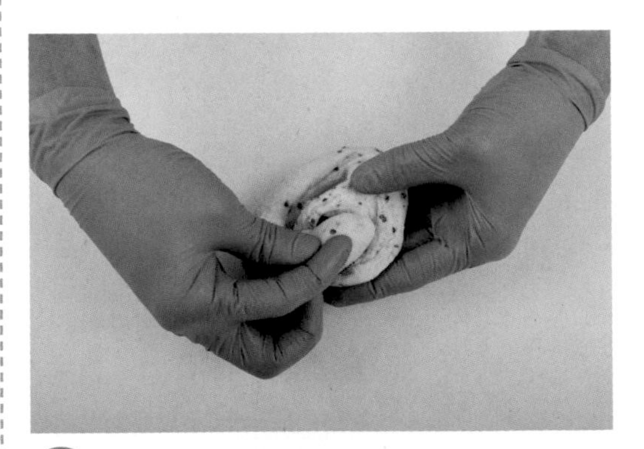

16 把另一端麵團放進去。

★壓開的麵團會包覆放入的麵團，所以放入的那一端建議搓稍微細一點。

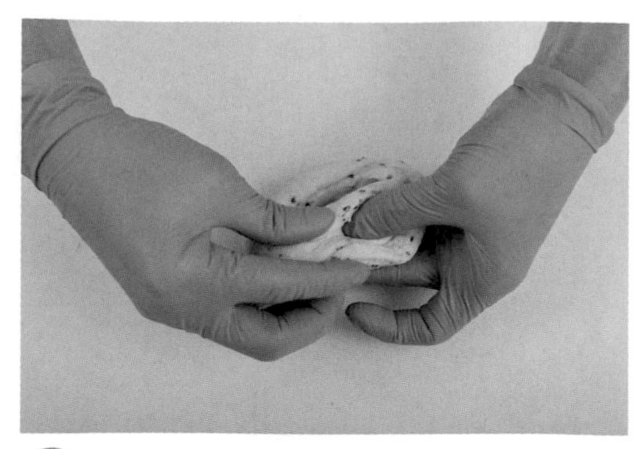

17 一手按住麵團，另一手用食指與大拇指把壓開的麵團包覆細麵團，捏合。

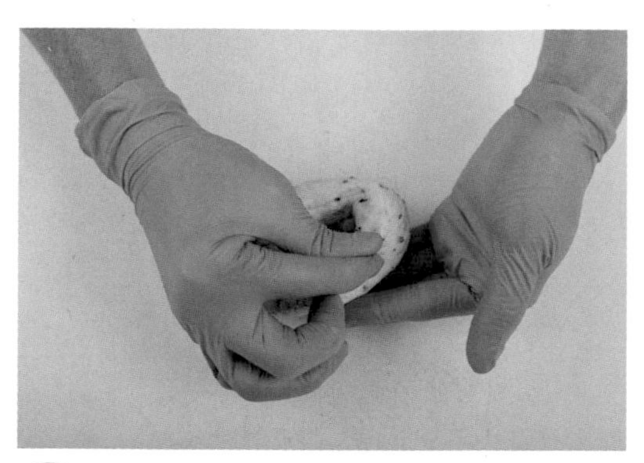

18 如果每個步驟都有做確實，大小就不會落差太多，不會有一節特別肥大。

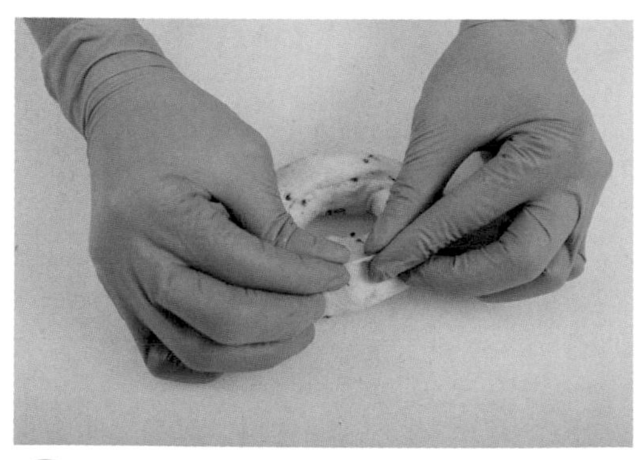

19 放上桌面再次檢視麵團，輕輕捏合。

20 完成如上圖，正面朝上間距相等排入不沾烤盤，準備進行最後發酵。

**6 後發燙水**

21 參考【烘焙數據表】進行發酵。發酵完成前 5 分鐘，把貝果放入自製貝果糖水中滾煮 5～10 秒，撈起瀝乾水分。

**7 烘烤**

22 間距相等排入不沾烤盤，送入預熱好的烤箱，參考【烘焙數據表】烤熟。

No.12

# 黑金剛黑豆圈

自製貝果糖水

**配方**

| | |
|---|---|
| 細砂糖 | 10g |
| 水 | 600g |

**作法**

在最後發酵階段再將所有材料備妥，一同煮滾。

內餡

臺灣特級蜜黑豆粒 15g

### 烘焙數據表

| | |
|---|---|
| ★備妥麵團 | 參考 P.52～55 完成至完全擴展 |
| ❷基本發酵 | 靜置 30 分鐘（溫度 25～27°C ／濕度 40～50%） |
| ❸分　割 | 80g |
| ❹中間發酵 | 靜置 15～20 分鐘（溫度 25～27°C ／濕度 40～50%） |
| ❺整　形 | 參考步驟製作 |
| ❻後發燙水 | 靜置 20 分鐘（溫度 25～27°C ／濕度 40～50%），燙自製貝果糖水 5～10 秒 |
| ❼烘　烤 | 上火 190°C ／下火 160°C，12 分鐘 |

**作法**

1 **★備妥麵團** 使用完成至完全擴展之麵團，加入 3% 生黑芝麻（對應 P.52 配方，3% 是 9g）。

★下奶油後再拉薄膜，可以發現延展性明顯變好。

★判斷完全擴展狀態的方法：將麵團拉出薄膜，薄膜破口呈圓潤、無鋸齒狀。

2 慢速攪打 1～2 分鐘，這邊只要攪打到生黑芝麻均勻散入材料即可。

3 桌面撒適量手粉（高筋麵粉），將麵團放上桌面，取一端朝中心摺疊。

4 再取另一端朝中心摺疊，此手法即為「三摺一」。

5 **❷基本發酵** 容器抹一些沙拉油，防止麵團沾黏，再把麵團放入，用蓋子蓋好。靜置 30 分鐘（溫度 25～27°C ／濕度 40～50%）。

6 **❸分割** 桌面撒適量手粉（高筋麵粉），用切麵刀分割 80g，滾圓。

★根據「井」字形分割，不可亂切，多餘的麵團收入底部。

7 **❹中間發酵** 間距相等排入不沾烤盤，靜置 15～20 分鐘（溫度 25～27°C ／濕度 40～50%）。

8 **❺整形** 雙手沾適量手粉（沾高筋麵粉），麵團輕輕拍開排氣。

★先輕輕拍開適度排氣，避免直接用擀麵棍，麵團氣體排出過多，影響後續發酵。

9 擀長約 25 公分。翻面，四邊拉平成長方片，底部壓薄。

★確保麵團每一節的發酵狀態大致一致，不會有一些特別厚，吃起來特別緊實。

★底部有壓薄，最後的收摺面就會緊密貼合麵團，不會凸出來一節。

10 鋪上臺灣特級蜜黑豆粒 15g，鋪的時候不要太貼邊緣。

11 黑豆粒盡量減少重疊狀況，後續會比較好捲。先一節一節收摺一小段麵團。

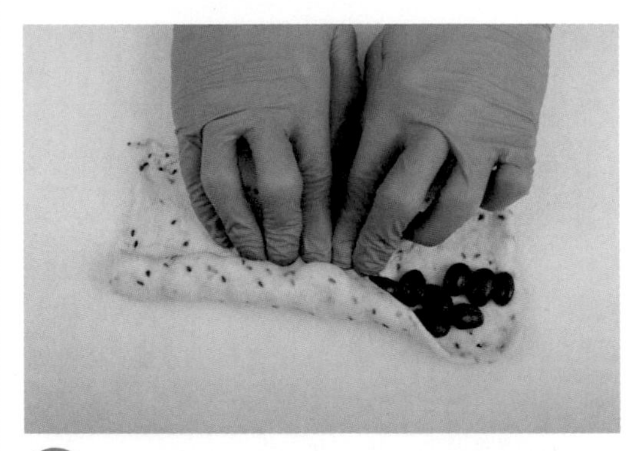

12 收摺後稍微壓一下，讓最裡面的麵團薄一點點，發酵後才不會太密實，也可以更好的把餡料包覆。

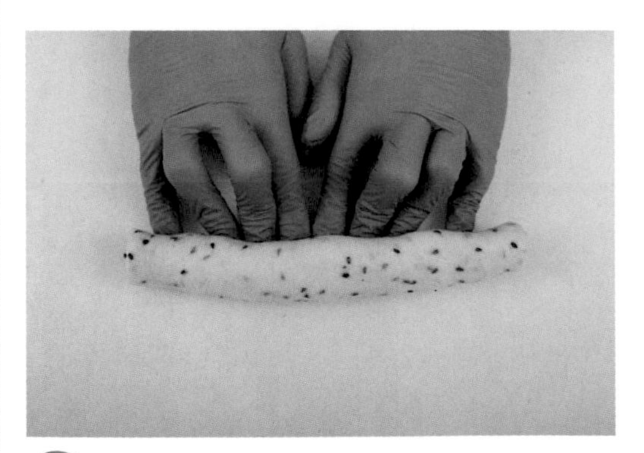

13 接下來順順地朝下收摺即可，整體不要捲太緊，避免口感太緊實。

★作法 9 有把底部壓薄，這個步驟的收整就可以收得很漂亮。

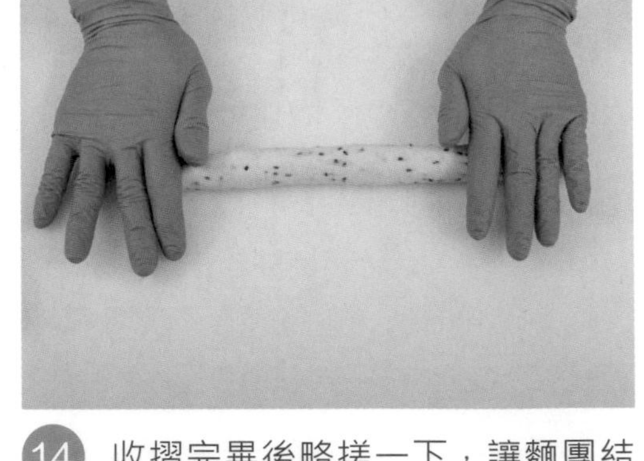

14 收摺完畢後略搓一下，讓麵團結合的更好一點。

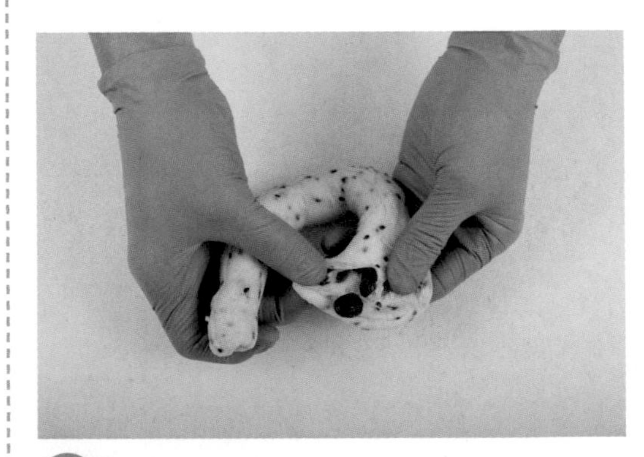

15 拾起麵團，一手捉頭一手捉尾，把一端稍微壓開。

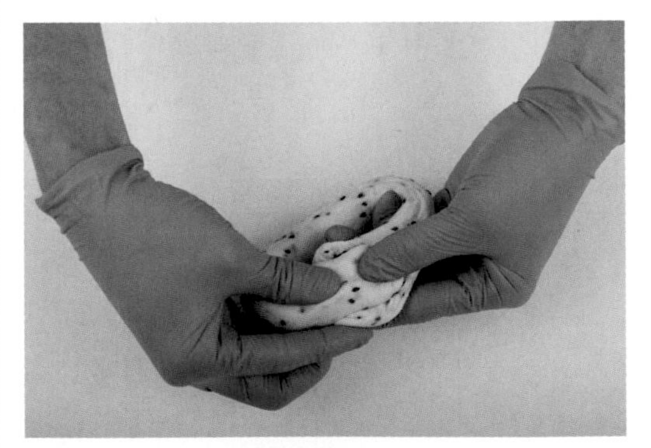

16 把另一端麵團放進去。

★壓開的麵團會包覆放入的麵團，所以放入的那一端建議搓稍微細一點。

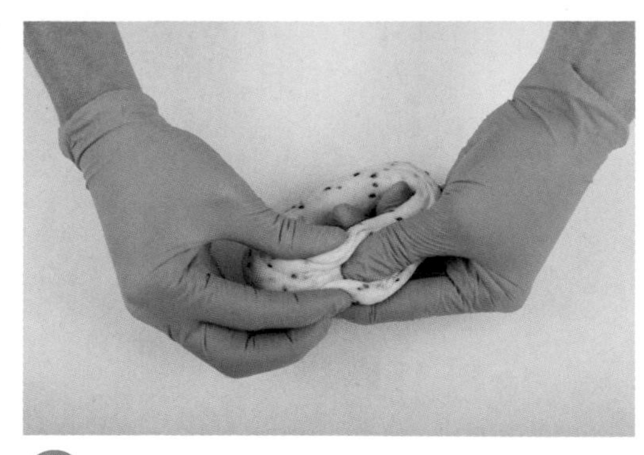

17 一手按住麵團，另一手用食指與大拇指把壓開的麵團包覆細麵團，捏合。

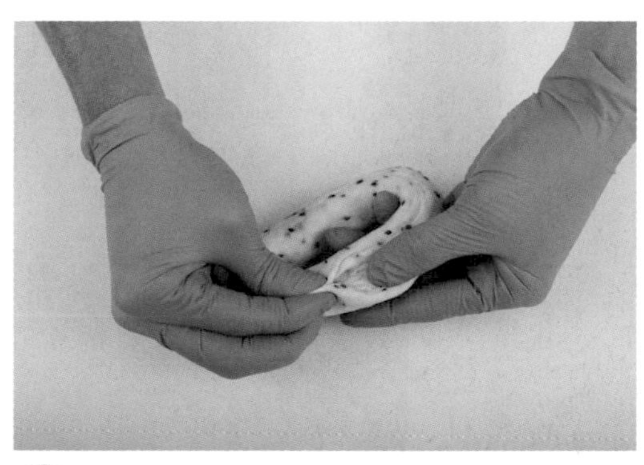

18 如果每個步驟都有做確實，大小就不會落差太多，不會有一節特別肥大。

19 放上桌面再次檢視麵團，輕輕捏合。

20 完成如上圖，正面朝上間距相等排入不沾烤盤，準備進行最後發酵。

6 後發燙水

21 參考【烘焙數據表】進行發酵。發酵完成前 5 分鐘，把貝果放入自製貝果糖水中滾煮 5～10 秒，撈起瀝乾水分。

7 烘烤

22 間距相等排入不沾烤盤，送入預熱好的烤箱，參考【烘焙數據表】烤熟。

No.13

# 燕麥綠豆牛奶圈

**湯種**

| 材料 | % | g |
| --- | --- | --- |
| 高筋麵粉 | 50 | 150 |
| 細砂糖 | 5 | 15 |
| 鹽 | 0.2 | 0.6 |
| 水 | 55 | 165 |

**主麵團**

| 材料 | % | g |
| --- | --- | --- |
| ①高筋麵粉 | 50 | 150 |
| ②細砂糖 | 3 | 9 |
| ③鹽 | 0.8 | 2.4 |
| ④湯種 | 15 | 45 |
| ⑤水 | 2.75 | 8.25 |
| ⑥新鮮酵母 | 1.5 | 4.5 |
| ⑦無鹽奶油 | 3 | 9 |
| ⑧燕麥粒 | 7 | 21 |

## 自製貝果糖水

**配方**

| | |
| --- | --- |
| 細砂糖 | 10g |
| 水 | 600g |

**作法**

在最後發酵階段再將所有材料備妥，一同煮滾。

## 烘焙數據表

| | |
|---|---|
| ★備妥麵團 | 配方參考左頁，作法參考 P.52 ~ 55 完成至完全擴展 |
| ❷基本發酵 | 靜置 30 分鐘（溫度 25 ~ 27°C／濕度 40 ~ 50%） |
| ❸分　割 | 80g |
| ❹中間發酵 | 靜置 15 ~ 20 分鐘（溫度 25 ~ 27°C／濕度 40 ~ 50%） |
| ❺整　形 | 參考步驟製作 |
| ❻後發燙水 | 靜置 20 分鐘（溫度 25 ~ 27°C／濕度 40 ~ 50%），燙自製貝果糖水 5 ~ 10 秒 |
| ❼烘　烤 | 上火 190°C／下火 160°C，12 分鐘 |

內餡
綠豆牛奶餡 25g

作法

1. ★備妥麵團 使用完成至完全擴展之麵團，加入煮熟燕麥粒。
2. 慢速攪打 1 ~ 2 分鐘，這邊只要攪打到煮熟燕麥粒均勻散入材料即可。
3. 桌面撒適量手粉（高筋麵粉），將麵團放上桌面，取一端朝中心摺疊。
4. 再取另一端朝中心摺疊，此手法即為「三摺一」。
5. ❷基本發酵 容器抹一些沙拉油，防止麵團沾黏，再把麵團放入，用蓋子蓋好。靜置 30 分鐘（溫度 25 ~ 27°C／濕度 40 ~ 50%）。
6. ❸分割 桌面撒適量手粉（高筋麵粉），用切麵刀分割 80g，滾圓。
   ★根據「井」字形分割，不可亂切，多餘的麵團收入底部。
7. ❹中間發酵 間距相等排入不沾烤盤，靜置 15 ~ 20 分鐘（溫度 25 ~ 27°C／濕度 40 ~ 50%）。
8. ❺整形 雙手沾適量手粉（沾高筋麵粉），麵團輕輕拍開排氣。
   ★先輕輕拍開適度排氣，避免直接用擀麵棍，麵團氣體排出過多，影響後續發酵。
9. 擀長約 25 公分。翻面，四邊拉平成長方片，底部壓薄。
   ★確保麵團每一節的發酵狀態大致一致，不會有一些特別厚，吃起來特別緊實。
   ★底部有壓薄，最後的收摺面就會緊密貼合麵團，不會凸出來一節。
10. 底部壓薄的部分留些許不抹餡，抹上綠豆牛奶餡 25g。

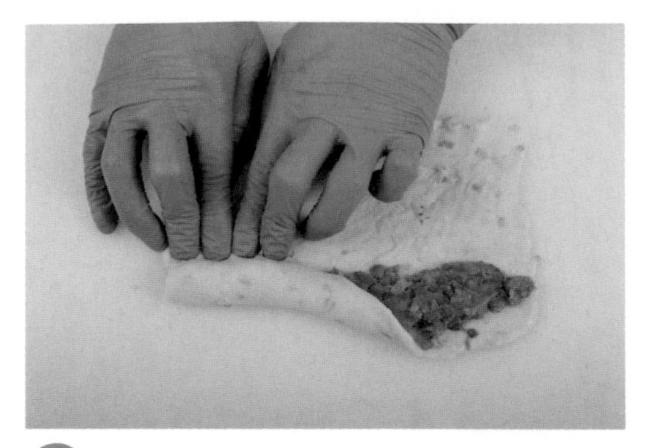

11 餡料抹平整，後續會比較好捲。先一節一節收摺一小段麵團。

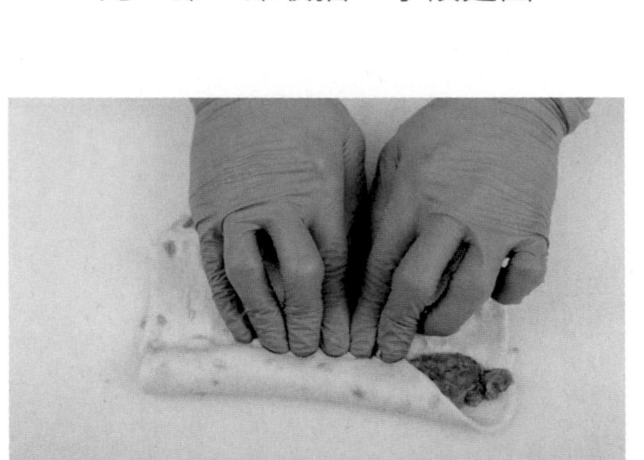

12 收摺後稍微壓一下，讓最裡面的麵團薄一點點，發酵後才不會太密實，也可以更好的把餡料包覆。

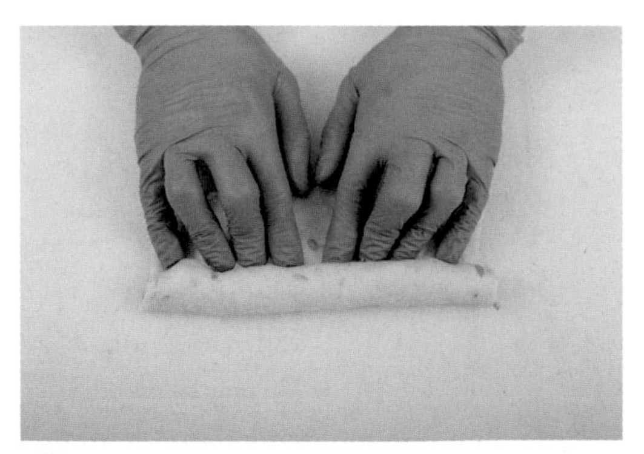

13 接下來順順地朝下收摺即可，整體不要捲太緊，避免口感太緊實。

★作法 9 有把底部壓薄，這個步驟的收整就可以收得很漂亮。

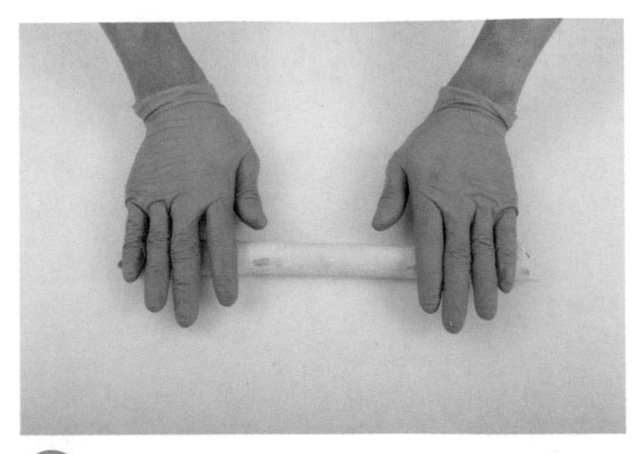

14 收摺完畢後略搓一下，讓麵團結合的更好一點。

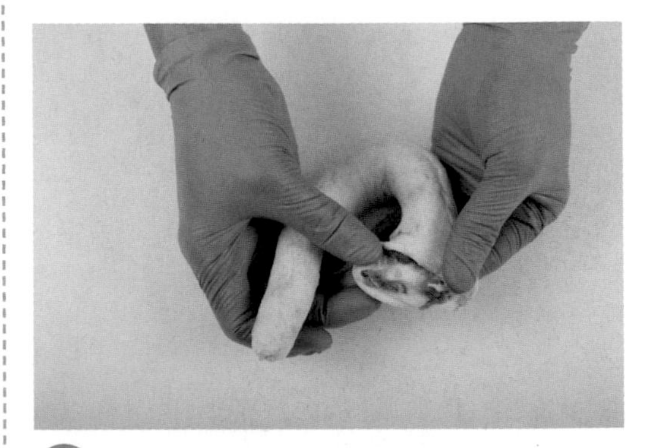

15 拾起麵團，一手捉頭一手捉尾，把一端稍微壓開。

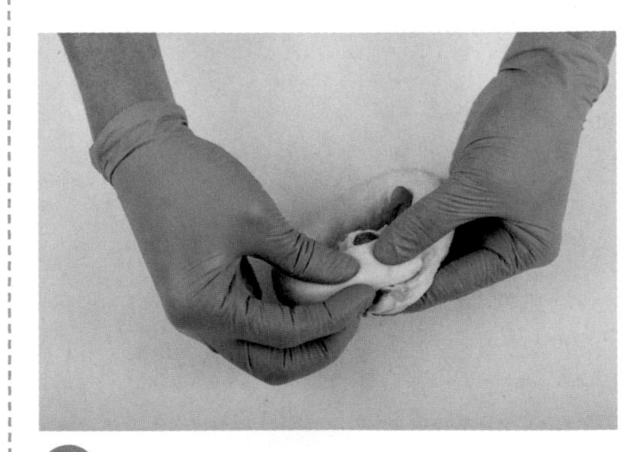

16 把另一端麵團放進去。

★壓開的麵團會包覆放入的麵團，所以放入的那一端建議搓稍微細一點。

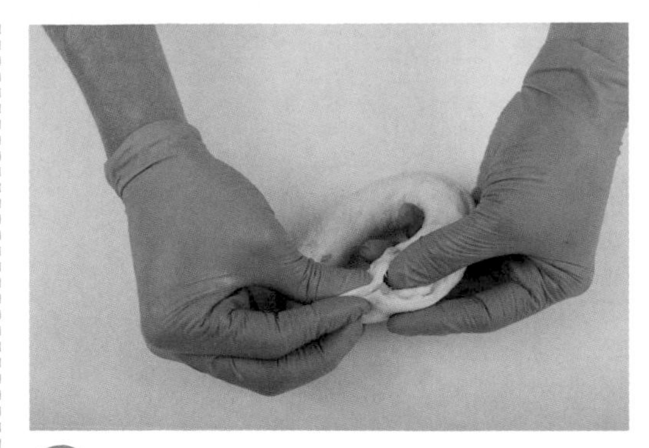

17 一手按住麵團，另一手用食指與大拇指把壓開的麵團包覆細麵團，捏合。

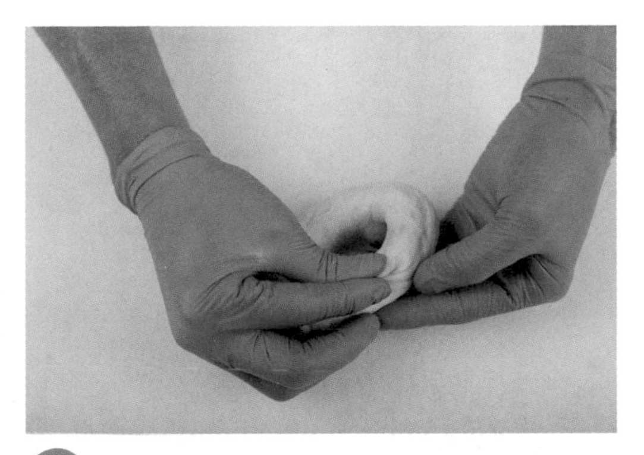

18 如果每個步驟都有做確實，大小就不會落差太多，不會有一節特別肥大。

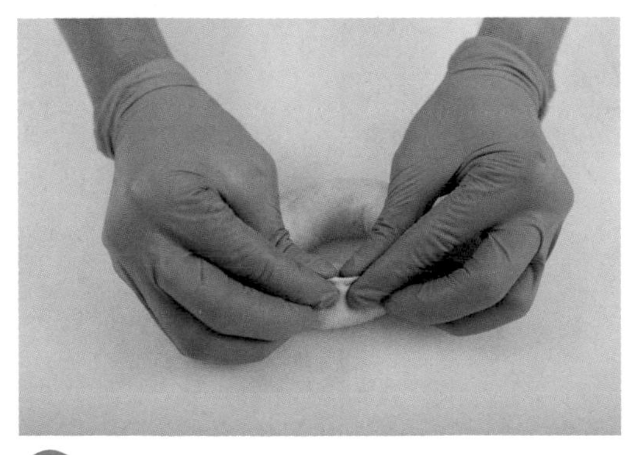

19 放上桌面再次檢視麵團，輕輕捏合。

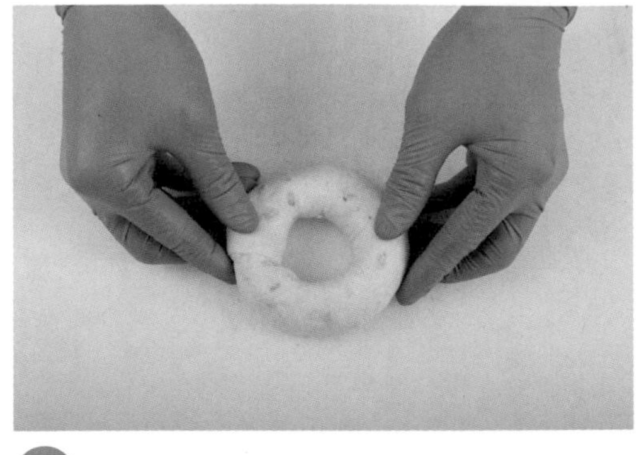

20 完成如上圖，正面朝上間距相等排入不沾烤盤，準備進行最後發酵。

### ❻後發燙水

21 參考【烘焙數據表】進行發酵。發酵完成前 5 分鐘，把貝果放入自製貝果糖水中滾煮 5～10 秒，撈起瀝乾水分。

### ❼烘烤

22 間距相等排入不沾烤盤，送入預熱好的烤箱，參考【烘焙數據表】烤熟。

No.14

# 紅藜米脆菇芋頭圈圈

湯種

| 材料 | % | g |
|---|---|---|
| 高筋麵粉 | 50 | 150 |
| 細砂糖 | 5 | 15 |
| 鹽 | 0.2 | 0.6 |
| 水 | 55 | 165 |

主麵團

| 材料 | % | g |
|---|---|---|
| ①高筋麵粉 | 50 | 150 |
| ②細砂糖 | 3 | 9 |
| ③鹽 | 0.8 | 2.4 |
| ④湯種 | 15 | 45 |
| ⑤水 | 2.75 | 8.25 |
| ⑥新鮮酵母 | 1.5 | 4.5 |
| ⑦無鹽奶油 | 3 | 9 |
| ⑧紅麴胚芽米 | 7 | 21 |

自製貝果糖水

**配方**

| 細砂糖 | 10g |
|---|---|
| 水 | 600g |

**作法**

在最後發酵階段再將所有材料備妥，一同煮滾。

**內餡**

黑豆粒餡 150g
脆菇 50g

## 烘焙數據表

| | |
|---|---|
| ★備妥麵團 | 配方參考左頁，作法參考 P.52～55 完成至完全擴展 |
| ❷基本發酵 | 靜置 30 分鐘（溫度 25～27°C／濕度 40～50%） |
| ❸分　　割 | 80g |
| ❹中間發酵 | 靜置 15～20 分鐘（溫度 25～27°C／濕度 40～50%） |
| ❺整　　形 | 參考步驟製作 |
| ❻後發燙水 | 靜置 20 分鐘（溫度 25～27°C／濕度 40～50%），燙自製貝果糖水 5～10 秒 |
| ❼烘　　烤 | 上火 190°C／下火 160°C，12 分鐘 |

**作法**

1. **★備妥麵團** 使用完成至完全擴展之麵團，加入紅麴胚芽米。
2. 慢速攪打 1～2 分鐘，這邊只要攪打到紅麴胚芽米均勻散入材料即可。
3. 桌面撒適量手粉（高筋麵粉），將麵團放上桌面，取一端朝中心摺疊。
4. 再取另一端朝中心摺疊，此手法即為「三摺一」。
5. **❷基本發酵** 容器抹一些沙拉油，防止麵團沾黏，再把麵團放入，用蓋子蓋好。靜置 30 分鐘（溫度 25～27°C／濕度 40～50%）。
6. **❸分割** 桌面撒適量手粉（高筋麵粉），用切麵刀分割 80g，滾圓。
7. **❹中間發酵** 間距相等排入不沾烤盤，靜置 15～20 分鐘（溫度 25～27°C／濕度 40～50%）。
8. **❺整形** 雙手沾適量手粉（沾高筋麵粉），麵團輕輕拍開排氣。
9. 擀長約 25 公分。翻面，四邊拉平成長方片，底部壓薄。
10. 鋪上黑豆粒餡 150g、脆菇 50g，鋪的時候不要太貼邊緣。

作法 1

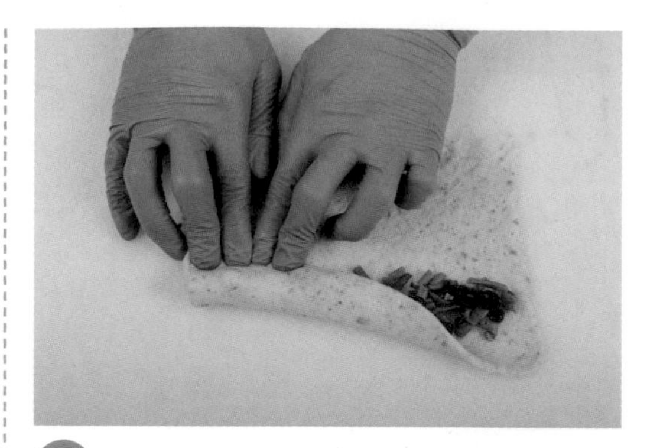

11 盡量鋪平均，後續會比較好捲。先一節一節收摺一小段麵團。

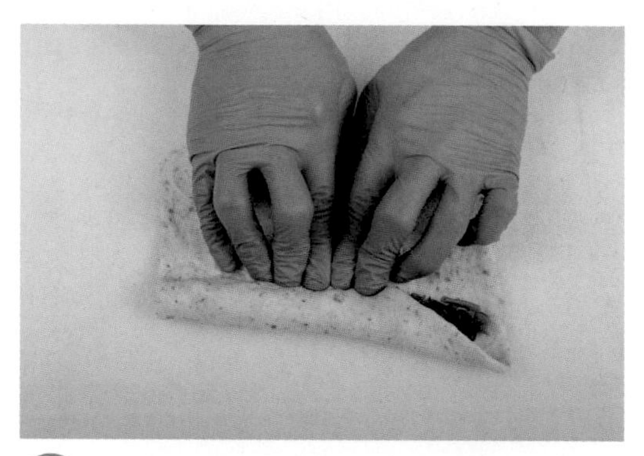

12 收摺後稍微壓一下，讓最裡面的麵團薄一點點，發酵後才不會太密實，也可以更好的把餡料包覆。

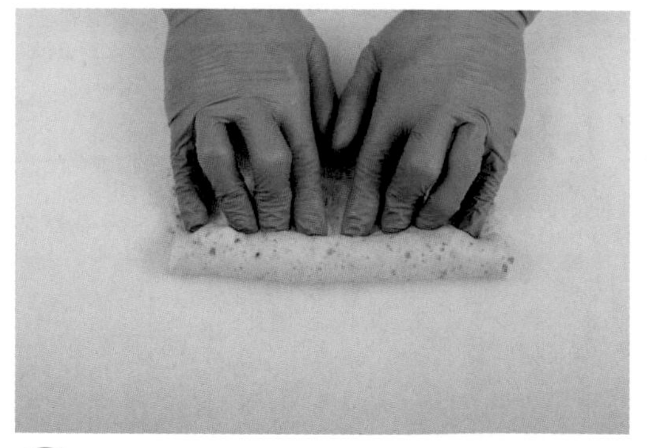

13 接下來順順地朝下收摺即可，整體不要捲太緊，避免口感太緊實。

★作法 9 有把底部壓薄，這個步驟的收整就可以收得很漂亮。

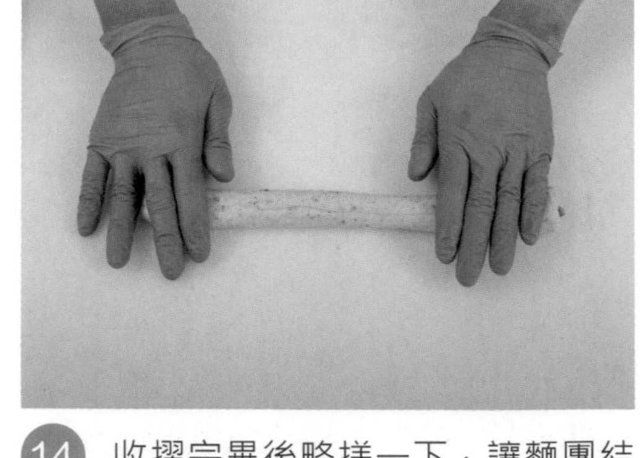

14 收摺完畢後略搓一下，讓麵團結合的更好一點。

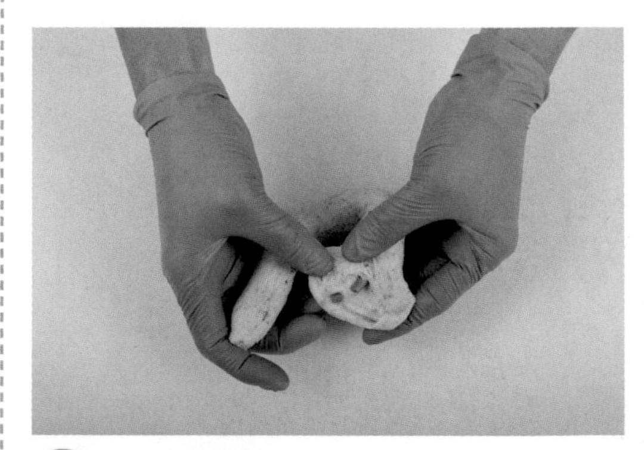

15 拾起麵團，一手捉頭一手捉尾，把一端稍微壓開。

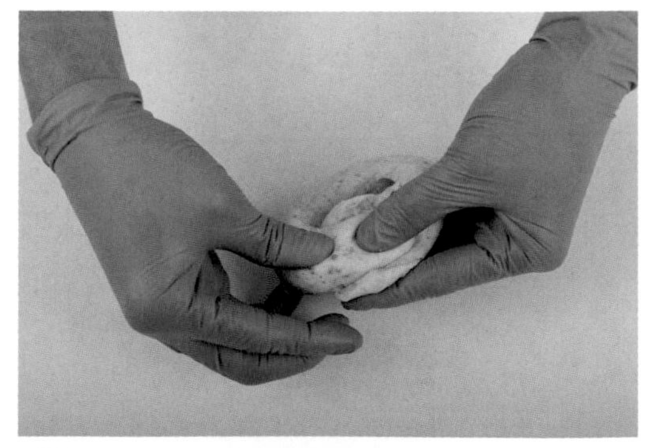

16 把另一端麵團放進去。

★壓開的麵團會包覆放入的麵團，所以放入的那一端建議搓稍微細一點。

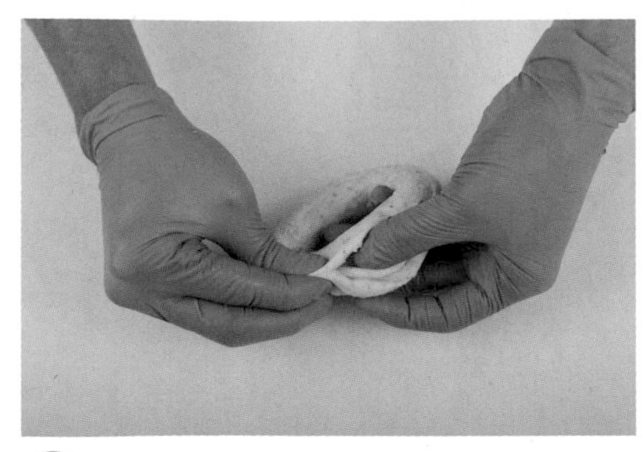

17 一手按住麵團，另一手用食指與大拇指把壓開的麵團包覆細麵團，捏合。

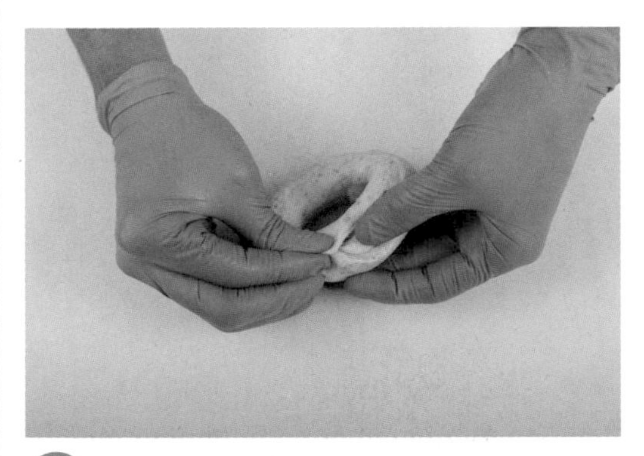

18 如果每個步驟都有做確實，大小就不會落差太多，不會有一節特別肥大。

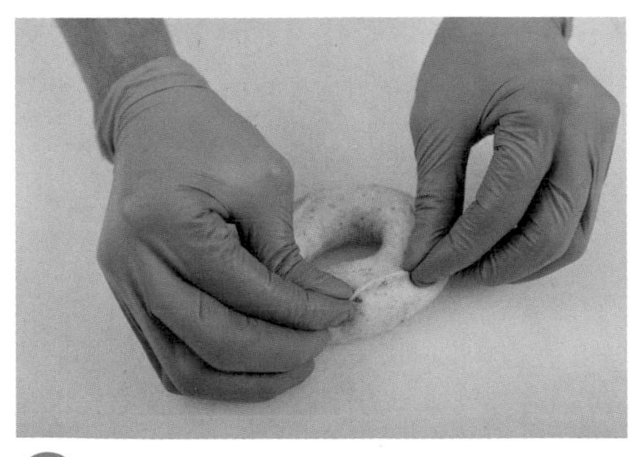

19 放上桌面再次檢視麵團，輕輕捏合。

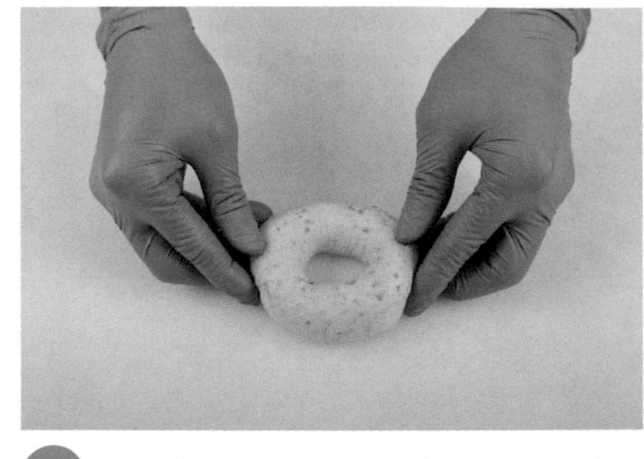

20 完成如上圖，正面朝上間距相等排入不沾烤盤，準備進行最後發酵。

❻ 後發燙水

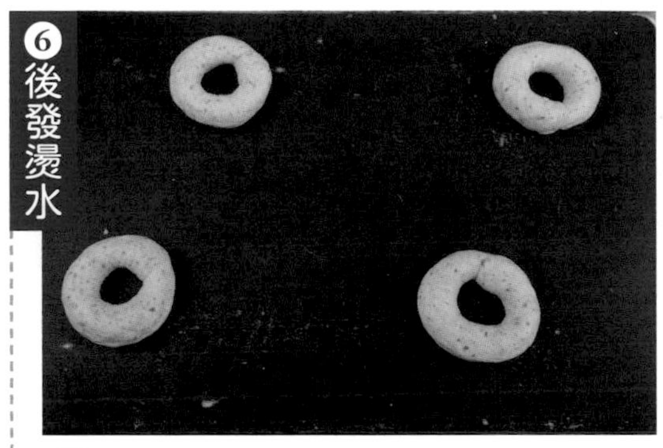

21 參考【烘焙數據表】進行發酵。發酵完成前 5 分鐘，把貝果放入自製貝果糖水中滾煮 5～10 秒，撈起瀝乾水分。

❼ 烘烤

22 間距相等排入不沾烤盤，送入預熱好的烤箱，參考【烘焙數據表】烤熟。

No.15

# 洛神花花圈

蜂蜜洛神花 1 朵
高筋麵粉 適量

### 湯種

| 材料 | % | g |
|---|---|---|
| 高筋麵粉 | 50 | 150 |
| 細砂糖 | 5 | 15 |
| 鹽 | 0.2 | 0.6 |
| 水 | 55 | 165 |

### 主麵團

| 材料 | % | g |
|---|---|---|
| ①高筋麵粉 | 50 | 150 |
| ②細砂糖 | 3 | 9 |
| ③鹽 | 0.8 | 2.4 |
| ④湯種 | 15 | 45 |
| ⑤水 | 2.75 | 8.25 |
| ⑥新鮮酵母 | 1.5 | 4.5 |
| ⑦無鹽奶油 | 3 | 9 |
| ⑧蜂蜜洛神花(切丁) | 7 | 21 |

### 自製貝果糖水

**配方**

細砂糖 10g
水 600g

**作法**

在最後發酵階段再將所有材料備妥，一同煮滾。

## 烘焙數據表

| | |
|---|---|
| ★備妥麵團 | 配方參考左頁，作法參考 P.52～55 完成至完全擴展 |
| ❷基本發酵 | 靜置 30 分鐘（溫度 25～27°C／濕度 40～50%） |
| ❸分　　割 | 80g |
| ❹中間發酵 | 靜置 15～20 分鐘（溫度 25～27°C／濕度 40～50%） |
| ❺整　　形 | 參考步驟製作 |
| ❻後發燙水 | 靜置 20 分鐘（溫度 25～27°C／濕度 40～50%），燙自製貝果糖水 5～10 秒 |
| ❼烤前裝飾 | 裝飾 1 朵蜂蜜洛神花，篩高筋麵粉 |
| ❽烘　　烤 | 上火 190°C／下火 160°C，12 分鐘 |

### 作法

1 **★備妥麵團** 使用完成至完全擴展之麵團，加入蜂蜜洛神花丁。

2 慢速攪打 1～2 分鐘，這邊只要攪打到蜂蜜洛神花丁均勻散入材料即可。

3 桌面撒適量手粉（高筋麵粉），將麵團放上桌面，取一端朝中心摺疊。

4 再取另一端朝中心摺疊，此手法即為「三摺一」。

5 **❷基本發酵** 容器抹一些沙拉油，防止麵團沾黏，再把麵團放入，用蓋子蓋好。靜置 30 分鐘（溫度 25～27°C／濕度 40～50%）。

6 **❸分割** 桌面撒適量手粉（高筋麵粉），用切麵刀分割 80g，滾圓。

7 **❹中間發酵** 間距相等排入不沾烤盤，靜置 15～20 分鐘（溫度 25～27°C／濕度 40～50%）。

8 **❺整形** 雙手沾適量手粉（沾高筋麵粉），麵團輕輕拍開排氣。

9 擀長約 25 公分。翻面，四邊拉平成長方片，底部壓薄。

作法 1

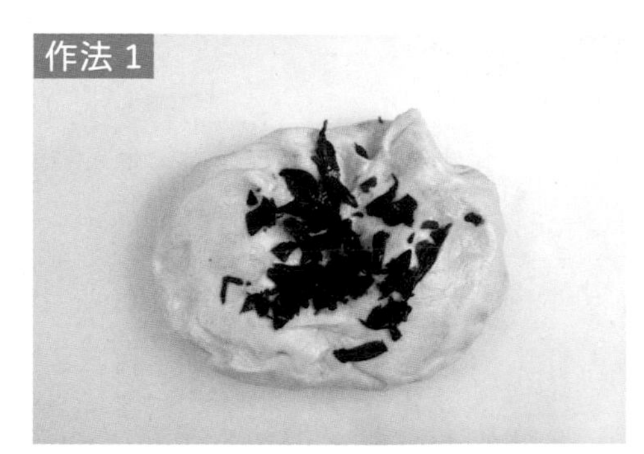

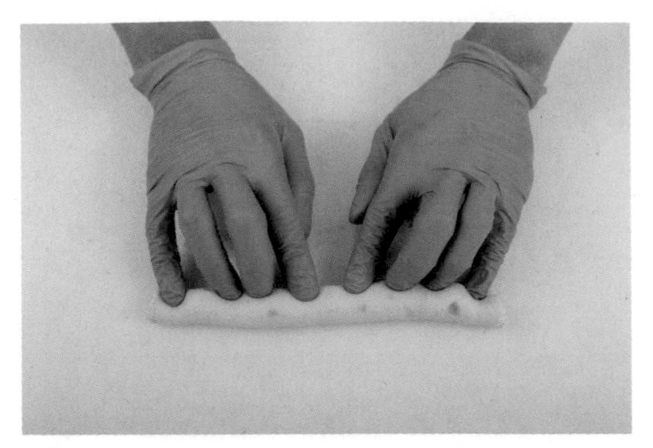

10 先一節一節收摺一小段麵團，收摺後稍微壓一下，讓最裡面的麵團薄一點點，發酵後才不會太密實。

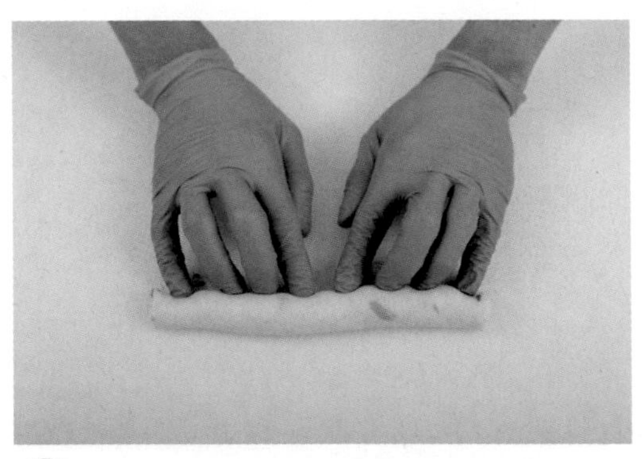

11 作法 9 有拉平成長方片，收摺後就不會有一些特別厚，吃起來特別緊實。

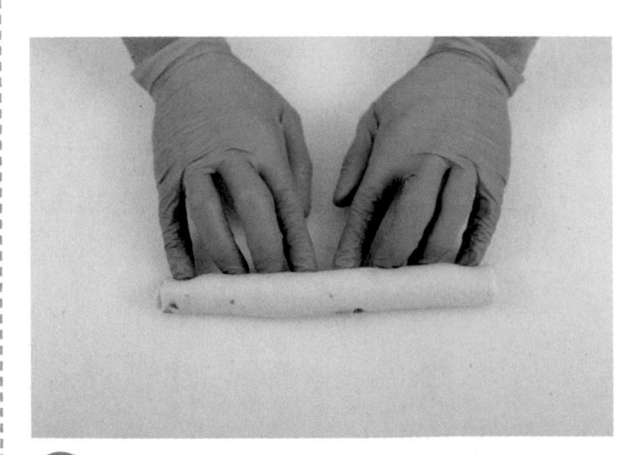

12 順順地收摺完畢即可，整體不要捲太緊，避免口感太緊實。

★作法 9 有把底部壓薄，這個步驟的收整就可以收得很漂亮。

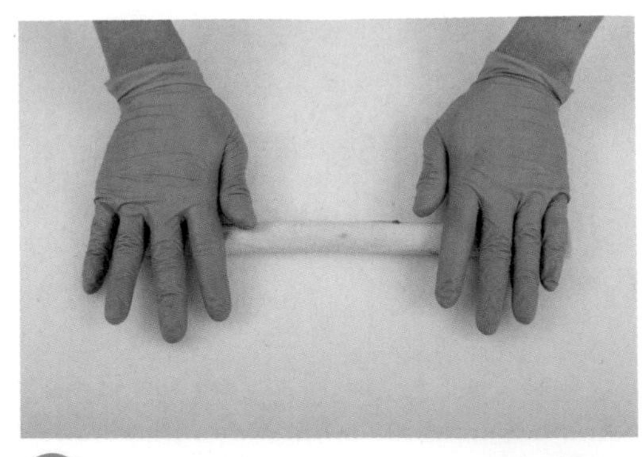

13 收摺完畢後略搓一下，讓麵團結合的更好一點。

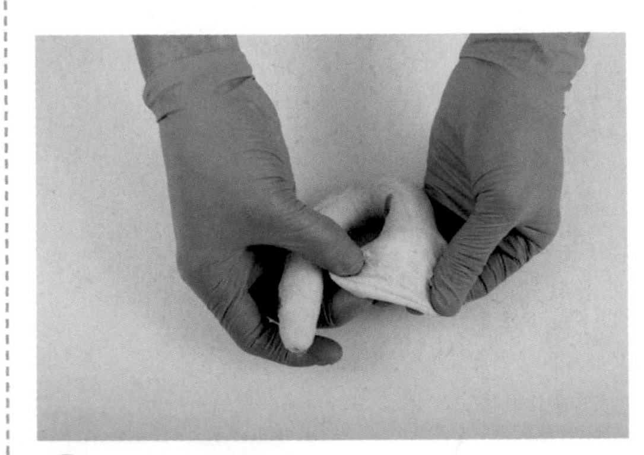

14 拾起麵團，一手捉頭一手捉尾，把一端稍微壓開。

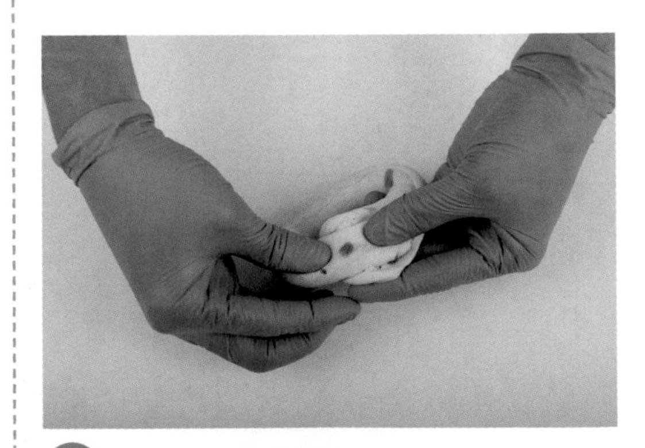

15 把另一端麵團放進去。

★壓開的麵團會包覆放入的麵團，所以放入的那一端建議搓稍微細一點。

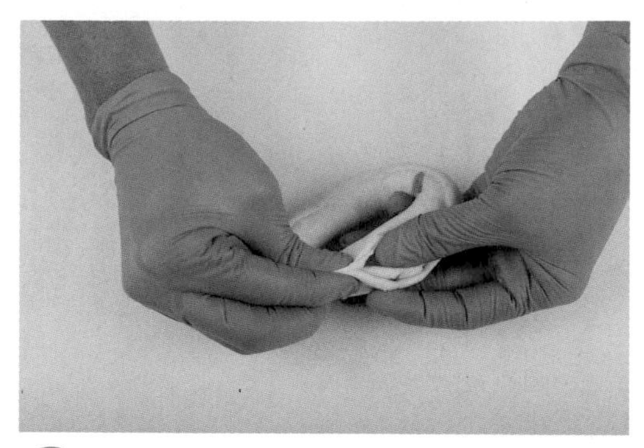

16 一手按住麵團，另一手用食指與大拇指把壓開的麵團包覆細麵團，捏合。

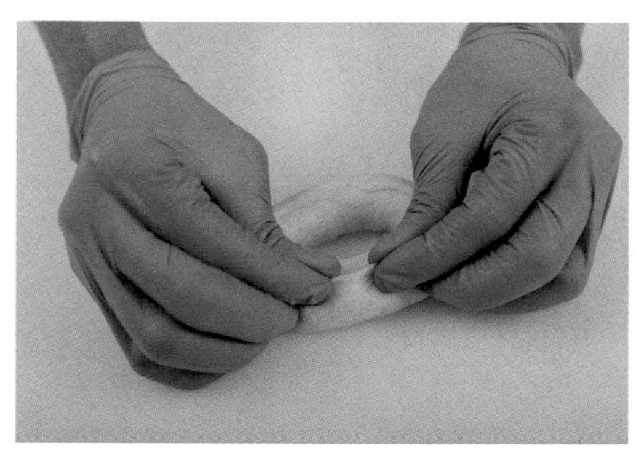

17 如果每個步驟都有做確實，大小就不會落差太多，不會有一節特別肥大。

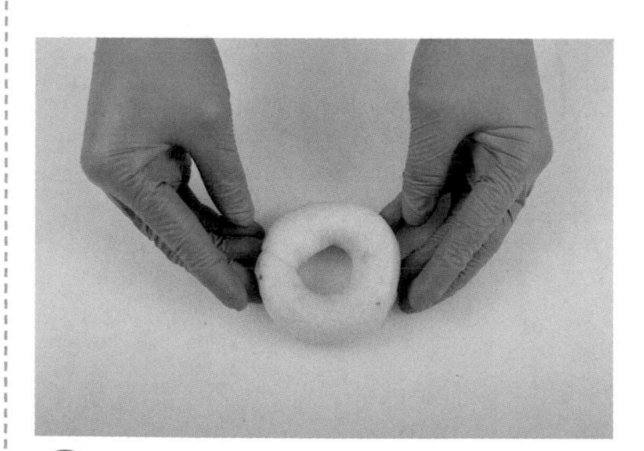

18 放上桌面再次檢視麵團，完成如上圖，正面朝上間距相等排入不沾烤盤，準備進行最後發酵。

6 後發燙水

19 參考【烘焙數據表】進行發酵。發酵完成前 5 分鐘，把貝果放入自製貝果糖水中滾煮 5～10 秒，撈起瀝乾水分。

7 烤前裝飾

20 間距相等排入不沾烤盤，裝飾 1 朵蜂蜜洛神花，篩高筋麵粉。

8 烘烤

21 送入預熱好的烤箱，參考【烘焙數據表】烤熟。

菓子麵團的基本特色就是「軟」，它的化口性會更好一點，營養價值也偏高。菓子麵團加入餡料居多，因為它比較沒有那麼多的口感層次，單吃麵團的話，只有軟的口感會很單調。

菓子麵團糖分會占比較重，一般來說奶油的占比也會比較重，本身會投入雞蛋跟蛋黃，雞蛋跟蛋黃含有卵磷脂（所以具有乳化作用），會讓麵筋來的更軟一點，再加上一開始講的有加入大量的「糖」，糖也可以軟化麵筋。整體下來會比歐式麵包的麵筋來的軟，麵團質地會比較軟一點，液態的添加也會比歐式麵包多一點。

這支麵團我們搭配中種技法呈現，配方其實已經有八九成接近臺灣傳統的甜麵包配方。中種法麵團的特性是，麵包保濕性、斷口性、化口性，都會來的更好一些，如果不用中種法改成直接法製作，柔軟度、保濕性等都會差很多。

中種要注意的是，水基本上都是用冰水，也是攪拌到光滑亮面即可，第二次攪拌時，建議液態也要先秤好，拿到冷藏冰，麵團最終溫度落在 27°C 左右。

*Part 4*

# 點心麵包系列

菓　子　麵　團

# ★ Bread ！菓子麵團

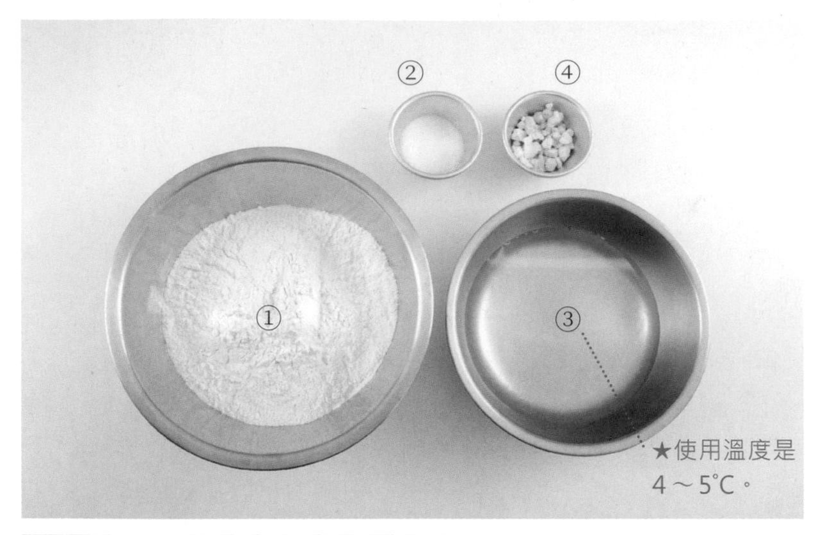


### 中種麵團

| 材料 | % | g |
|---|---|---|
| ①高筋麵粉 | 70 | 350 |
| ②細砂糖 | 4 | 20 |
| ③冰水 | 41 | 205 |
| ④新鮮酵母 | 2.8 | 14 |

★酵母換算比例，速發乾酵母 1：新鮮酵母 3。

⑪ ★使用溫度是 4～5°C。

⑧ ★使用全脂、低脂奶粉皆可。

⑫ ★室溫軟化至 16～20°C。

### 主麵團

| 材料 | % | g |
|---|---|---|
| ⑤高筋麵粉 | 30 | 150 |
| ⑥細砂糖 | 20 | 100 |
| ⑦鹽 | 1.2 | 6 |
| ⑧奶粉 | 3 | 15 |
| ⑨蛋黃 | 10 | 50 |
| ⑩動物性鮮奶油 | 10 | 50 |
| ⑪水 | 11 | 55 |
| ⑫無鹽奶油 | 12 | 60 |

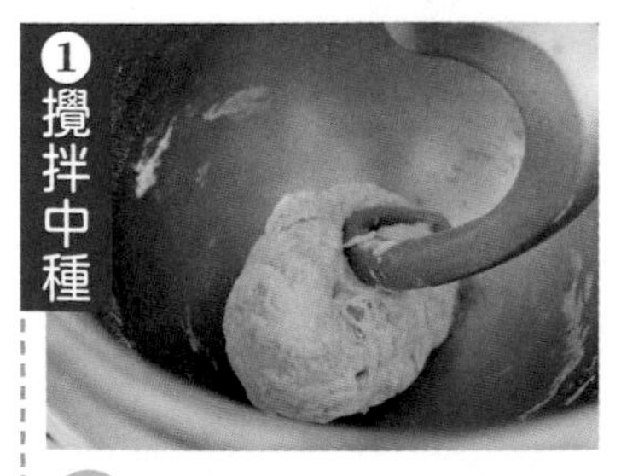


1 攪拌缸加入中種所有材料，慢速大致和勻，轉中速攪拌成團。

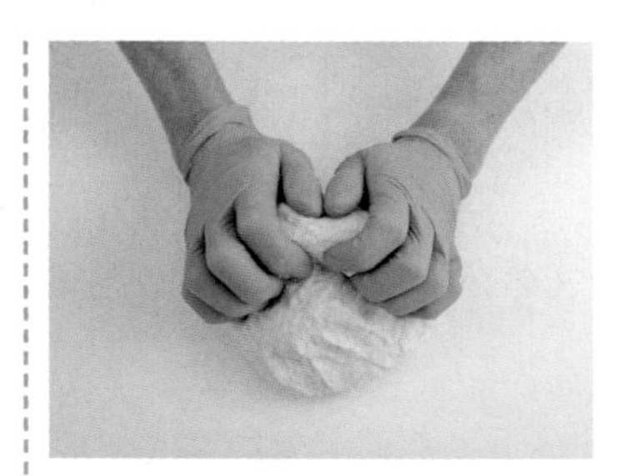

2 取出麵團，將麵團放上桌面，取一端朝前摺。

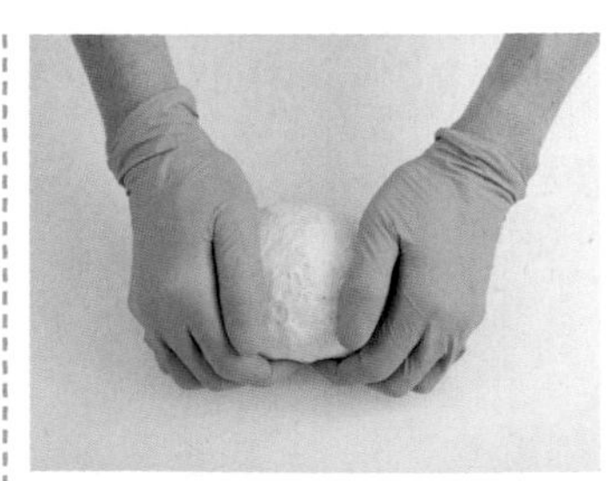

3 收摺成團狀，雙手托住麵團左右兩側，朝右轉 1/4 圈，表面會漸漸收整平整。

4 放入鋼盆，用保鮮膜蓋住表面，室溫發酵2小時。上圖為發酵後。

## ❷攪拌主麵團

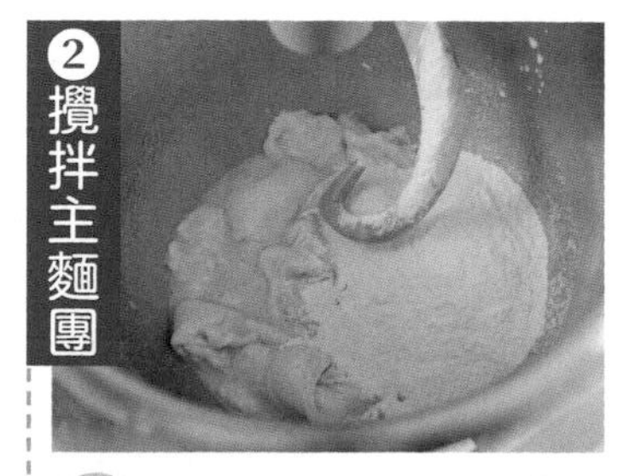

5 攪拌缸加入材料⑤～⑪，並加入作法4中種麵團。

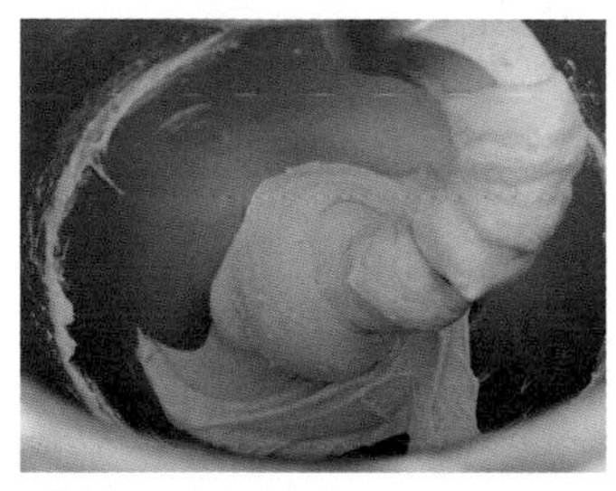

6 慢速攪打3～4分鐘，轉中速攪打7～8分鐘。

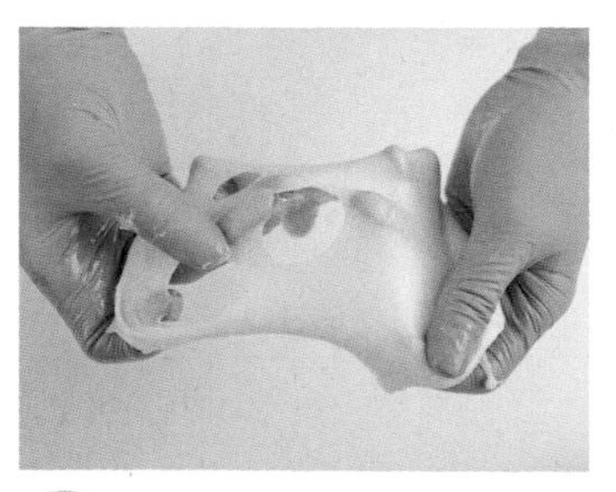

7 雙手拉扯麵團，扯出薄膜，這個狀態是比擴展再多一點，接近完全擴展但尚未達到。

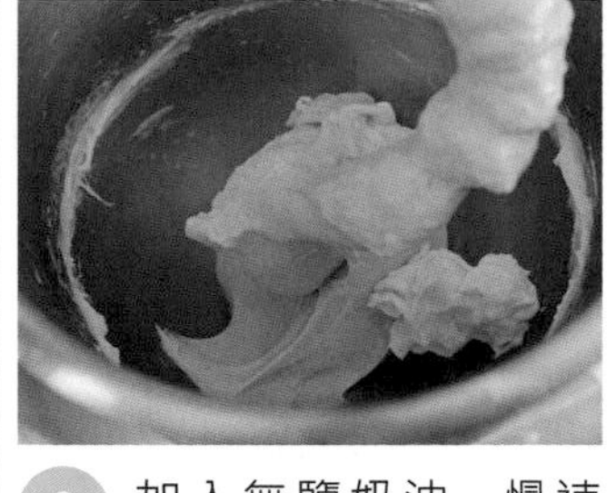

8 加入無鹽奶油，慢速攪打2～3分鐘。

9 轉中速攪打5～8分鐘，攪打到麵團成完全擴展狀態。

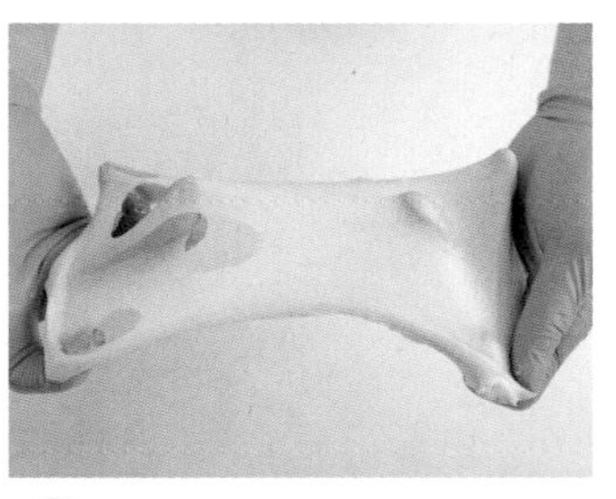

10 雙手拉扯麵團，薄膜具備延展性，且破口非常光滑。

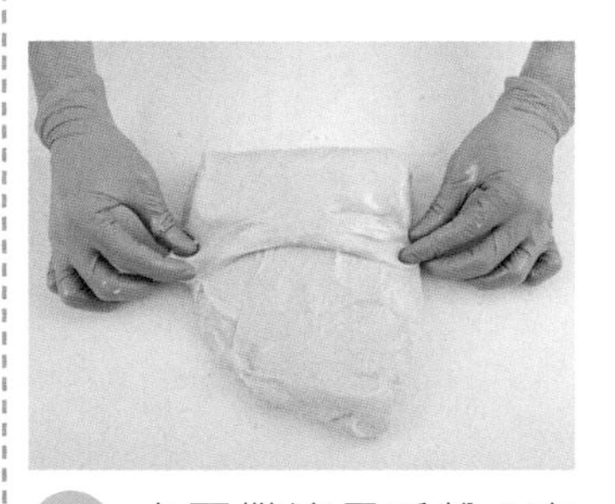

11 桌面撒適量手粉（高筋麵粉），將麵團放上桌面，取一端朝中心摺疊。

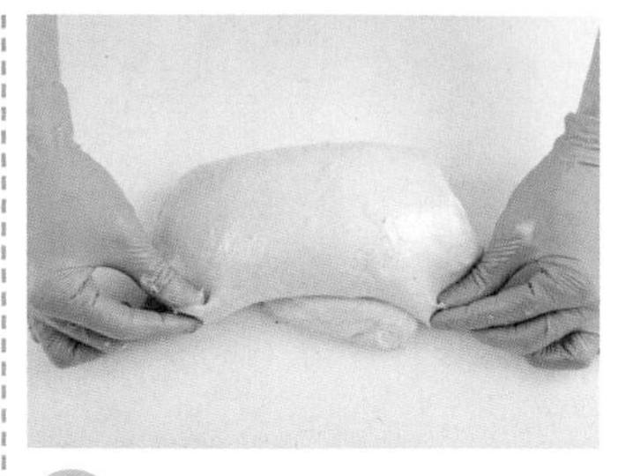

12 再取另一端朝中心摺疊。此手法即為「三摺一」。

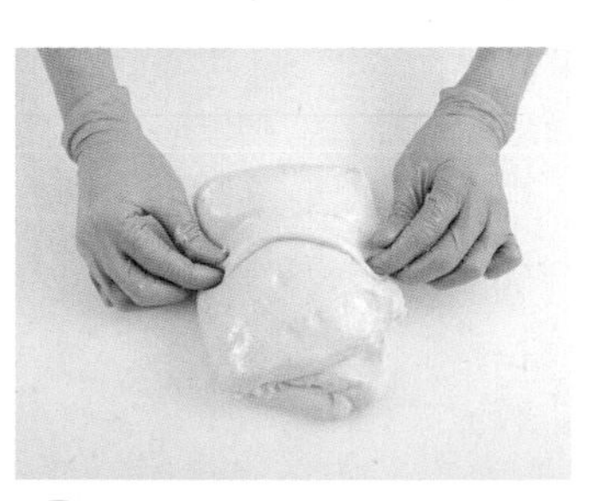

13 翻面轉向，再取一端朝中心摺疊。

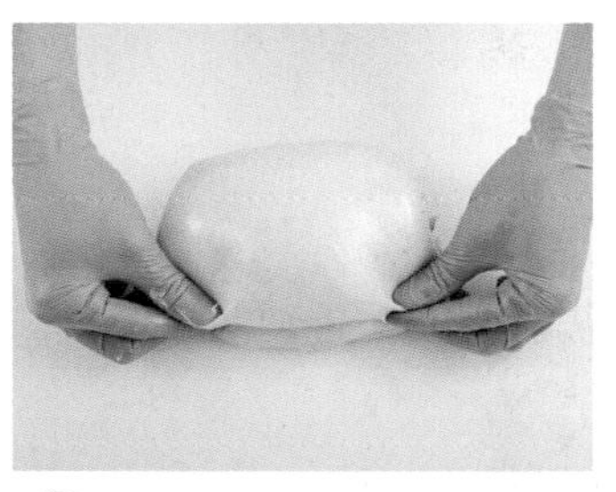

14 再取另一端朝中心摺疊。

## ❸基本發酵

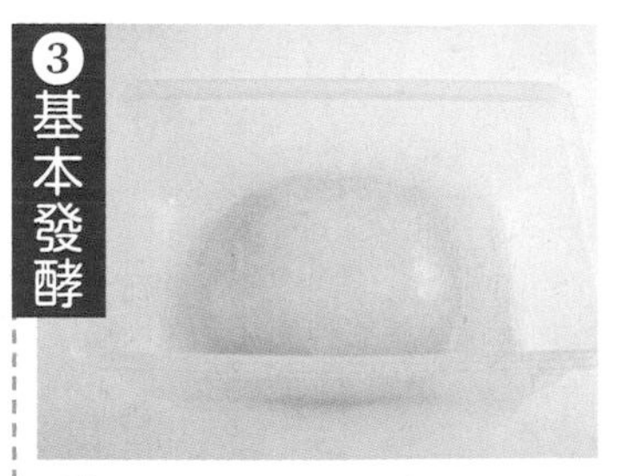

15 容器抹少量沙拉油，放入麵團表面噴1下水，用蓋子蓋好，置於常溫發酵40分鐘。

No.16

# 雙色紅薯餅

烘焙數據表

| | |
|---|---|
| ★備妥麵團 | 參考 P.86 ~ 87 完成至基本發酵 |
| ❹分　　割 | 60g |
| ❺中間發酵 | 靜置 40 分鐘（溫度 30°C ／濕度 85%） |
| ❻整　　形 | 參考步驟製作 |
| ❼最後發酵 | 靜置 40 分鐘（溫度 30°C ／濕度 85%） |
| ❽烤前裝飾 | 中心沾適量生黑芝麻，蓋烘焙紙、烤盤 |
| ❾烘　　烤 | 上火 200°C ／下火 150°C，先烤 9 分鐘烤至微微上色，再把烤盤調頭烤 4 分鐘 |

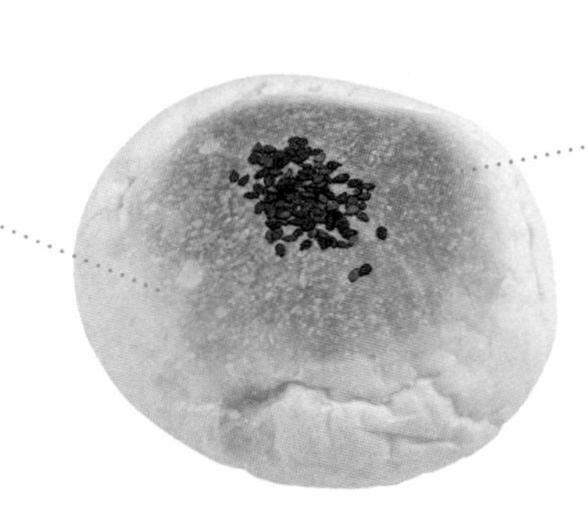

內餡

臺灣特級真紅豆餡 15g
紅薯餡 15g

裝飾

生黑芝麻 適量

作法

1. ★備妥麵團 使用完成至基本發酵後的麵團。
2. ❹分割 桌面撒適量手粉（高筋麵粉），用切麵刀分割 60g。
   ★根據「井」字形分割，不可亂切，多餘的麵團收入底部。
3. 五指成爪狀，輕輕扣住麵團，依順時針方向在操作檯上畫圓，把麵團滾圓。
   ★麵團滾圓一是將麵團收整成圓形；二是把表面收到光滑，以利發酵。
   ★操作時並非整顆 360 度全方位滾圓，而是手扣住麵團，麵團的底部會一直在底部，透過畫圓的手法，表面會被拉扯產生收緊效果，進而形成圓形。
4. ❺分割 間距相等排入不沾烤盤，靜置 40 分鐘（溫度 30°C / 濕度 85%）。
5. 整形前把麵團冷藏 30 分鐘，會比較好操作。此步驟根據麵團易操作性而定，可做可不做。
6. ❻整形 分割臺灣特級真紅豆餡 15g、紅薯餡 15g，搓圓。
7. 雙手沾適量手粉（沾高筋麵粉），將麵團再次滾圓，輕輕拍開排氣。

作法6

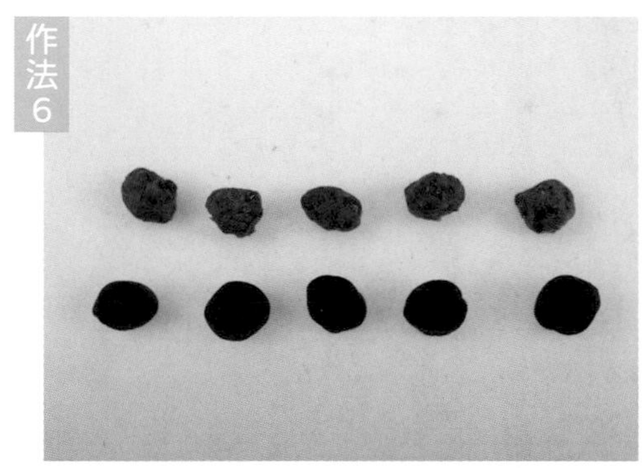

作法7

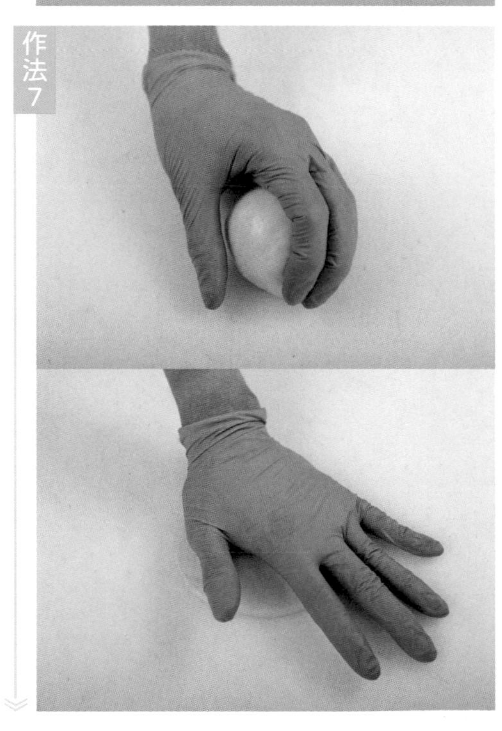

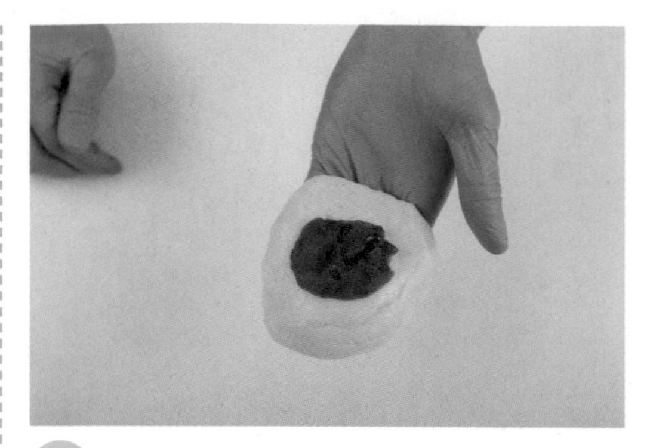

8 輕壓臺灣特級真紅豆餡，放上麵團。

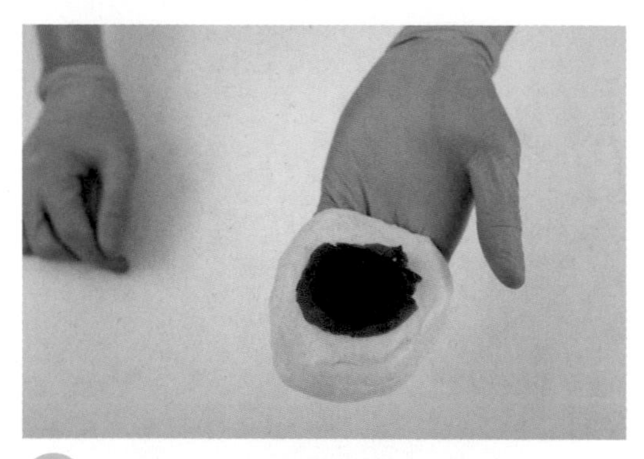

9 略壓扁紅薯餡，放在餡料上。

10 一手托住麵團，另一手食指將麵皮勾回。

11 接著將大拇指那一側麵團向前壓。

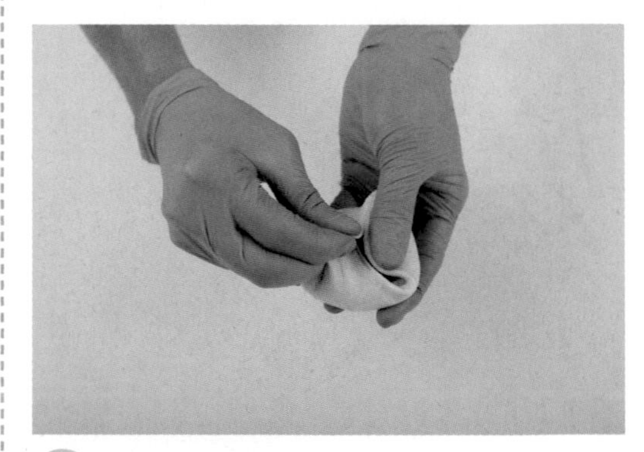

12 與食指捏合。

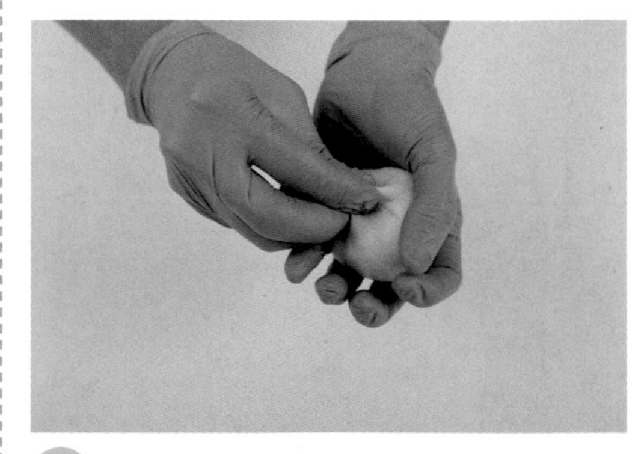

13 反覆這個動作，將麵團妥善收口。

14 底部輕壓一下。

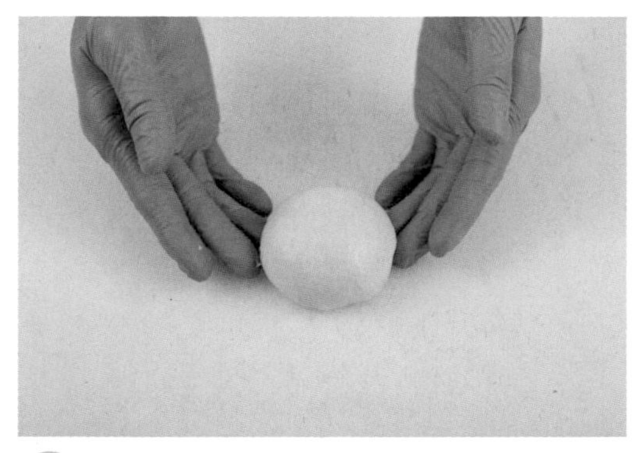

15 完成如上圖，準備進行最後發酵。

## 7 最後發酵

16 正面朝上間距相等排入不沾烤盤，參考【烘焙數據表】進行發酵。

17 發酵後如上圖，會變約 1.5 倍大。

## 8 烤前裝飾

18 手指沾水，沾生黑芝麻，再點上麵團中心。

## 9 烘烤

19 表面蓋一張烘焙紙，放上一盤與底部烤盤大小相同的烤盤，送入預熱好的烤箱，參考【烘焙數據表】烤熟。

No.17

# 紅豆貝殼包

裝飾

奶水 適量
生黑芝麻 適量

內餡

臺灣特級真紅豆餡 20g

## 烘焙數據表

| | |
|---|---|
| ★備妥麵團 | 參考 P.86～87 完成至基本發酵 |
| ❹分　割 | 50g |
| ❺中間發酵 | 靜置 40 分鐘（溫度 30°C ／濕度 85%） |
| ❻整　形 | 參考步驟製作 |
| ❼最後發酵 | 靜置 40 分鐘（溫度 30°C ／濕度 85%） |
| ❽烤前裝飾 | 沾適量生黑芝麻 |
| ❾烘　烤 | 上火 180°C ／下火 160°C，12 分鐘 |

## 作法

1 **★備妥麵團** 使用完成至基本發酵後的麵團。

2 **❹分割** 桌面撒適量手粉（高筋麵粉），用切麵刀分割 50g。
★根據「井」字形分割，不可亂切，多餘的麵團收入底部。

3 五指成爪狀，輕輕扣住麵團，依順時針方向在操作檯上畫圓，把麵團滾圓。
★麵團滾圓一是將麵團收整成圓形；二是把表面收到光滑，以利發酵。
★操作時並非整顆 360 度全方位滾圓，而是手扣住麵團，麵團的底部會一直在底部，透過畫圓的手法，表面會被拉扯產生收緊效果，進而形成圓形。

4 **❺中間發酵** 間距相等排入不沾烤盤，靜置 40 分鐘（溫度 30°C / 濕度 85%）。

5 整形前把麵團冷藏 30 分鐘，會比較好操作。此步驟根據麵團易操作性而定，可做可不做。

6 **❻整形** 分割臺灣特級真紅豆餡 20g，搓圓。

7 雙手沾適量手粉（沾高筋麵粉），將麵團再次滾圓，輕輕拍開排氣。
★麵團壓中間厚邊緣薄，這樣烘烤的時候餡料比較不會爆餡。

作法 7

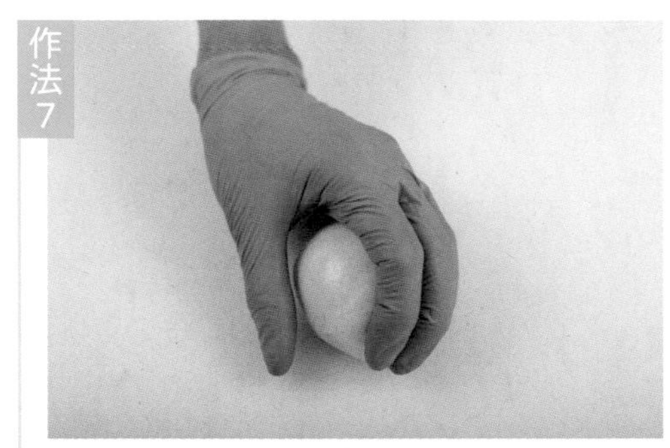

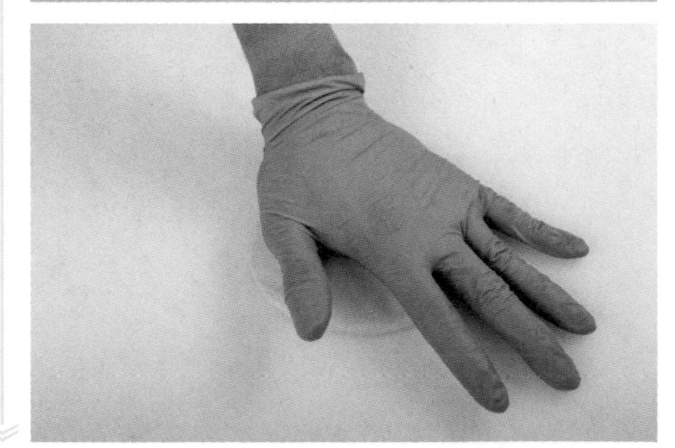

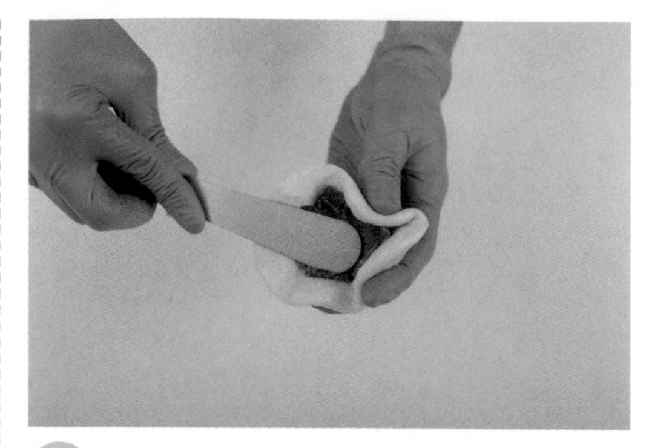

8 臺灣特級真紅豆餡 20g。

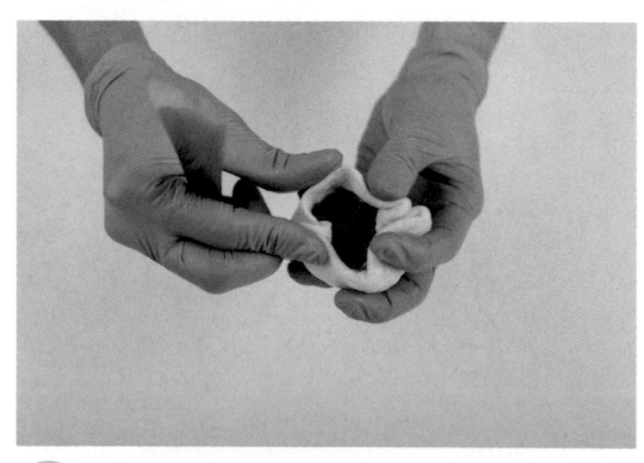

9 一手托住麵團，另一手食指將麵皮勾回。

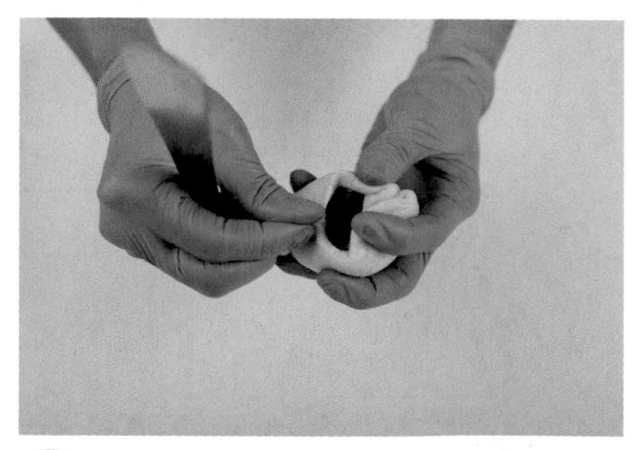

10 接著將大拇指那一側麵團向前壓，與食指捏合。

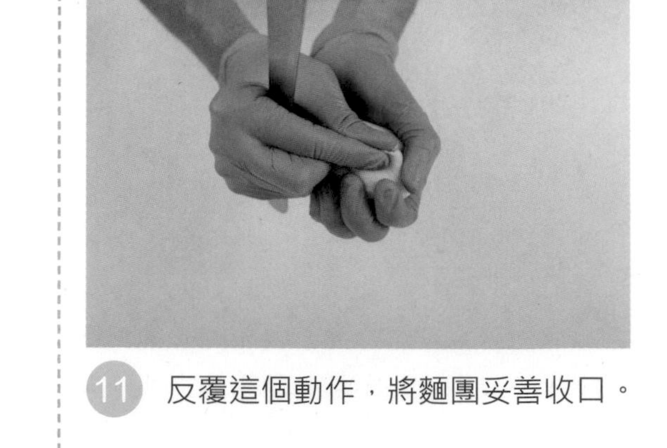

11 反覆這個動作，將麵團妥善收口。

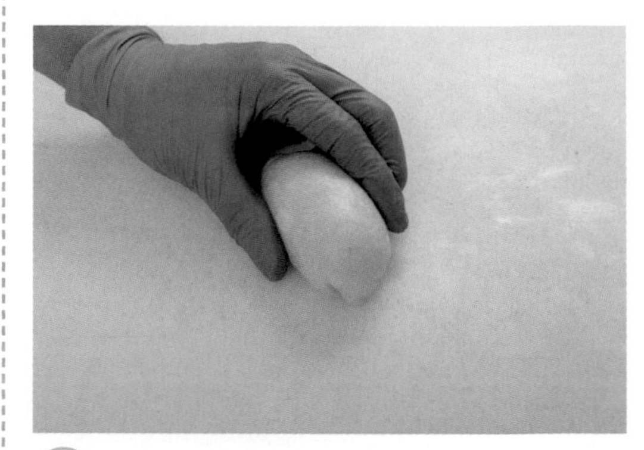

12 收口成橢圓形，前後用虎口略搓一下，搓成橄欖形。

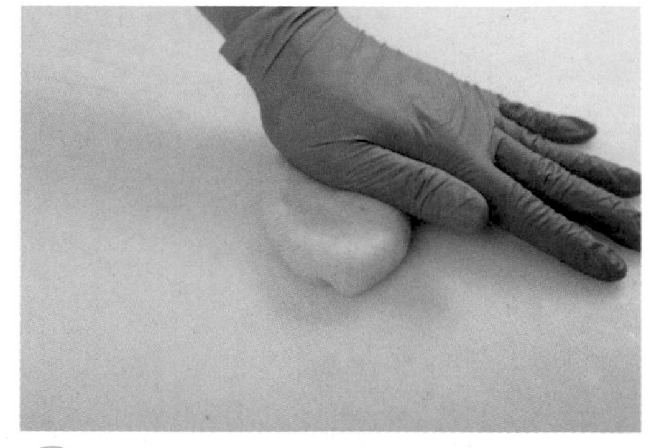

13 輕輕壓扁，不要壓到太扁，壓成有厚度的餅狀即可。

14 一手托起麵團，兩側刷上奶水。

15 正面將兩側沾上生黑芝麻。

❼ 最後發酵

16 間距相等排入不沾烤盤，參考【烘焙數據表】進行發酵。

17 發酵後如上圖，大小會變約 1.5 倍大。

❽ 烤前裝飾

18 用剪刀剪開，中心剪一刀，兩側各剪 4 刀。

❾ 烘烤

19 送入預熱好的烤箱，參考【烘焙數據表】烤熟。

No.18

# 竹輪南瓜卷

烘焙數據表

| | |
|---|---|
| ★備妥麵團 | 參考 P.86～87 完成至基本發酵 |
| ❹分　　割 | 60g |
| ❺中間發酵 | 靜置 40 分鐘（溫度 30°C／濕度 85%） |
| ❻整　　形 | 參考步驟製作 |
| ❼最後發酵 | 靜置 40 分鐘（溫度 30°C／濕度 85%） |
| ❽烤前裝飾 | 刷全蛋液，撒乳酪絲 |
| ❾烘　　烤 | 上火 190°C／下火 160°C，12 分鐘 |

**內餡**
竹輪 1 根
南瓜餡 20g

**烤前裝飾**
全蛋液 適量
乳酪絲 適量

**烤後裝飾**
黑胡椒粒 適量
乾燥巴西利葉 適量

**作法**

1. **★備妥麵團** 使用完成至基本發酵後的麵團。
2. **❹分割** 桌面撒適量手粉（高筋麵粉），用切麵刀分割 60g。
   ★根據「井」字形分割，不可亂切，多餘的麵團收入底部。
3. 五指成爪狀，輕輕扣住麵團，依順時針方向在操作檯上畫圓，把麵團滾圓。
   ★麵團滾圓一是將麵團收整成圓形；二是把表面收到光滑，以利發酵。
   ★操作時並非整顆 360 度全方位滾圓，而是手扣住麵團，麵團的底部會一直在底部，透過畫圓的手法，表面會被拉扯產生收緊效果，進而形成圓形。
4. **❺中間發酵** 間距相等排入不沾烤盤，靜置 40 分鐘（溫度 30˚C / 濕度 85%）。
5. 整形前把麵團冷藏 30 分鐘，會比較好操作。此步驟根據麵團易操作性而定，可做可不做。
6. **❻整形** 把竹輪從中剖開不剖斷。
7. 中心擠南瓜餡 20g。

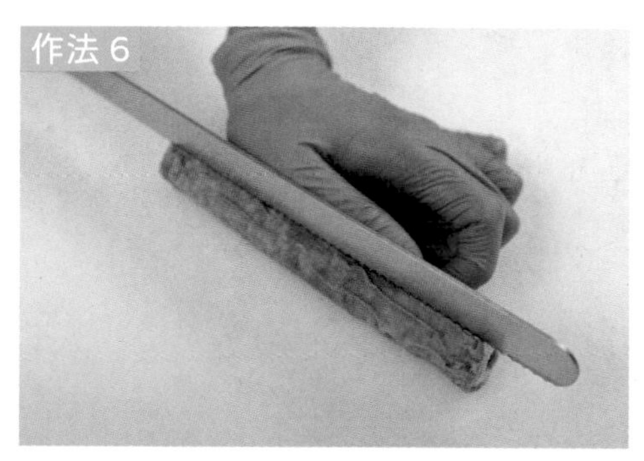
作法 6

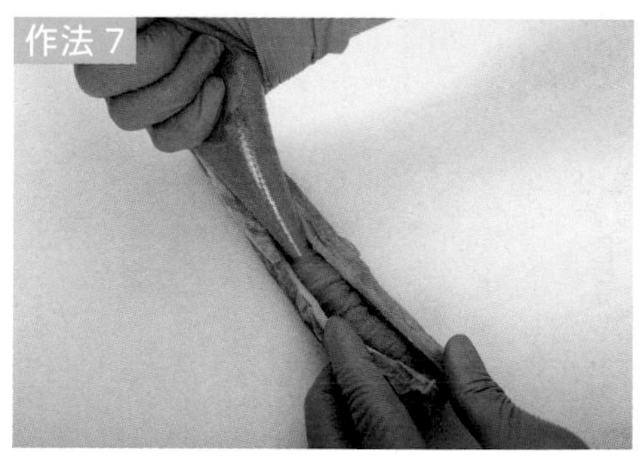
作法 7

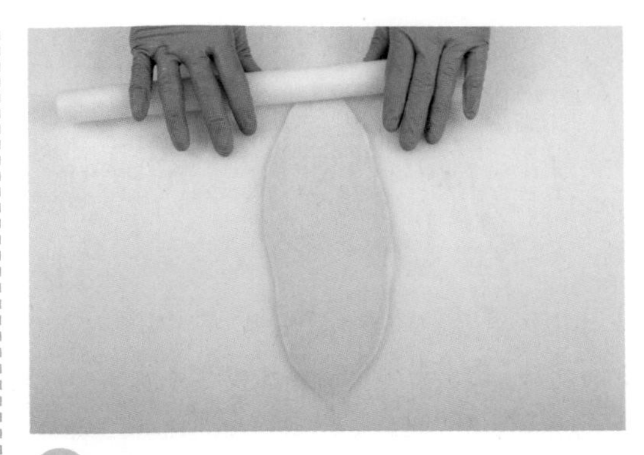

8 雙手沾適量手粉（高筋麵粉），輕輕拍開排氣，擀長約 20 公分。

★先輕輕拍開適度排氣，避免直接用擀麵棍，麵團氣體排出過多。

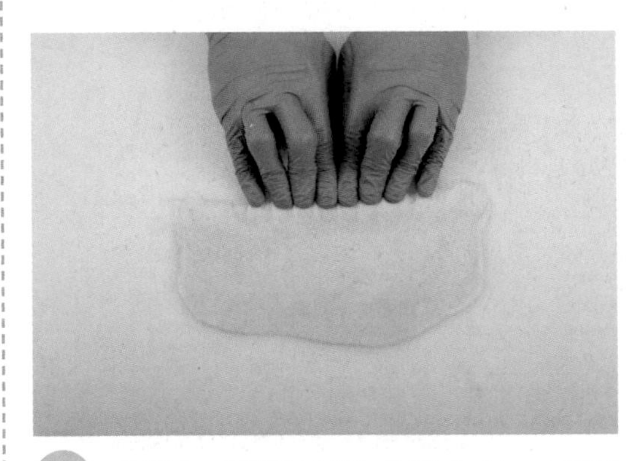

9 翻面，四邊拉平成長方片，底部壓薄。

★整形後就不會變成橄欖形。

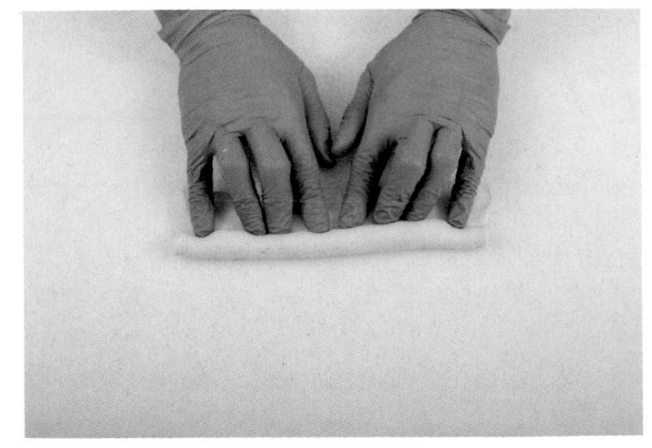

10 麵團由上朝下收摺成長條狀。間距相等放入不沾烤盤，蓋上袋子，冷藏鬆弛 20 分鐘。

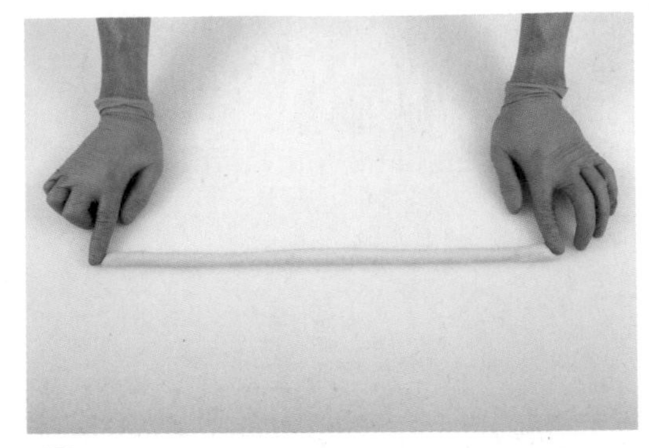

11 搓約 40 公分長。

★冷藏鬆弛後才能搓長，不然會不具備操作性，麵團搓了也會縮回去。

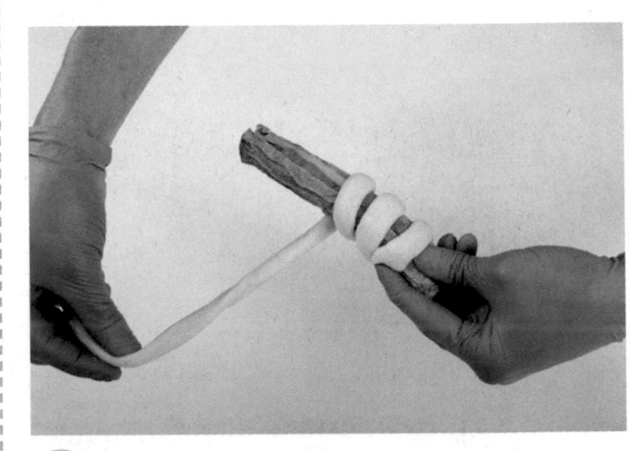

12 繞上竹輪南瓜餡。在繞第一圈時，要把起始麵團藏在第一圈下面。

13 順勢繞圈完。

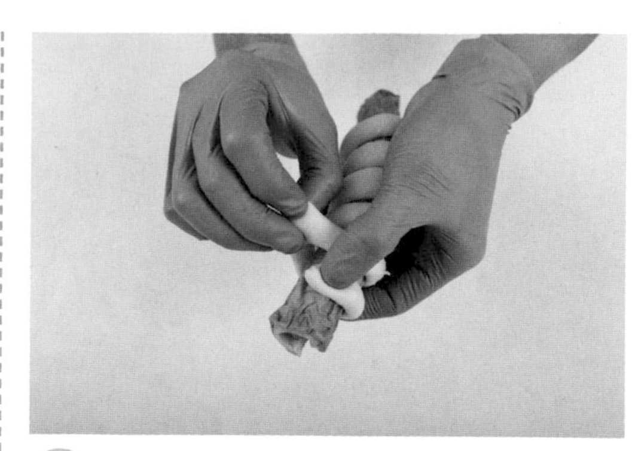

14 繞到最後一小段準備收尾。
★繞圈的時候要為後續發酵、烘烤保留一點空間。

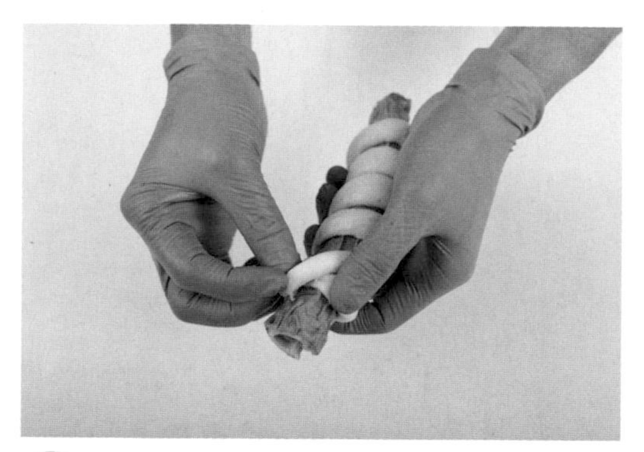

15 把麵團藏進最後一圈，完美收尾，整體造型才會好看。

**7 最後發酵**

16 間距相等排入不沾烤盤，參考【烘焙數據表】進行發酵。

17 發酵後如上圖，大小會變約 1.5 倍大。

**8 烤前裝飾**

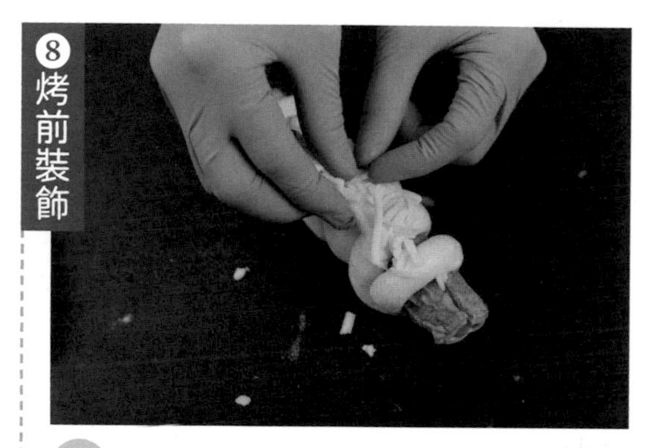

18 表面刷全蛋液，鋪適量乳酪絲。

**9 烘烤**

19 送入預熱好的烤箱，參考【烘焙數據表】烤熟。烤完可以直接食用，也可以再撒一點黑胡椒粒、乾燥巴西利葉。

No.19

# 農夫地瓜條

**裝飾**

奶水 適量
生白芝麻 適量

**內餡**

金山地瓜餡 15g
乳酪絲 10g

烘焙數據表

|  |  |
| --- | --- |
| ★備妥麵團 | 參考 P.86 ~ 87 完成至基本發酵 |
| ❹分　　割 | 50g |
| ❺中間發酵 | 靜置 40 分鐘（溫度 30°C ／濕度 85%） |
| ❻整　　形 | 參考步驟製作 |
| ❼最後發酵 | 靜置 40 分鐘（溫度 30°C ／濕度 85%） |
| ❽烘　　烤 | 上火 190°C ／下火 160°C，12 分鐘 |

**作法**

1 **★備妥麵團** 使用完成至基本發酵後的麵團。

2 **❹分割** 桌面撒適量手粉（高筋麵粉），用切麵刀分割 50g。
★根據「井」字形分割，不可亂切，多餘的麵團收入底部。

3 五指成爪狀，輕輕扣住麵團，依順時針方向在操作檯上畫圓，把麵團滾圓。
★麵團滾圓一是將麵團收整成圓形；二是把表面收到光滑，以利發酵。
★操作時並非整顆 360 度全方位滾圓，而是手扣住麵團，麵團的底部會一直在底部，透過畫圓的手法，表面會被拉扯產生收緊效果，進而形成圓形。

4 **❺中間發酵** 間距相等排入不沾烤盤，靜置 40 分鐘（溫度 30°C ／濕度 85%）。

5 整形前把麵團冷藏 30 分鐘，會比較好操作。此步驟根據麵團易操作性而定，可做可不做。

6 **❻整形** 雙手沾適量手粉（高筋麵粉），輕輕拍開排氣。
★先輕輕拍開適度排氣，一方面避免直接用擀麵棍，麵團氣體排出過多；另一方面可以先讓麵團內部氣體均勻，避免擀麵棍擀開氣體排出不均，使發酵有落差。

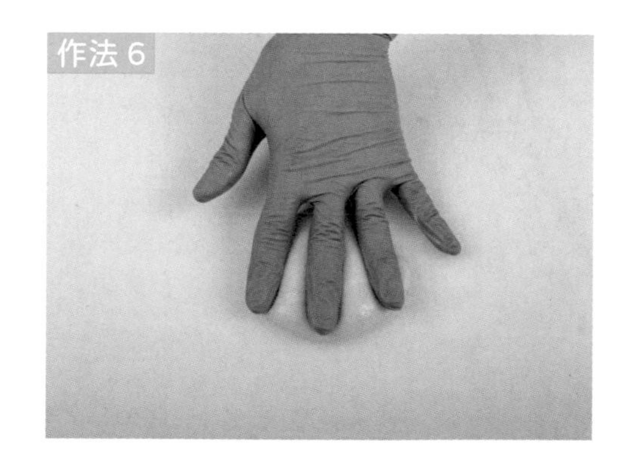
作法 6

No.20

# 枕頭紅豆包

烘焙數據表

| | |
|---|---|
| ★備妥麵團 | 參考 P.86 ~ 87 完成至基本發酵 |
| ❹分　割 | 70g |
| ❺中間發酵 | 靜置 40 分鐘（溫度 30°C ／濕度 85%） |
| ❻整　形 | 參考步驟製作 |
| ❼最後發酵 | 靜置 40 分鐘（溫度 30°C ／濕度 85%） |
| ❽烤前裝飾 | 擠自製蛋醬皮，撒臺灣真紅豆粒 |
| ❾烘　烤 | 上火 190°C ／下火 160°C，12 分鐘 |

內餡

臺灣特級真紅豆餡 15g
金山地瓜餡 10g

烤前裝飾

蛋黃皮 適量
臺灣真紅豆粒 適量

烤後裝飾

開心果碎 適量
防潮糖粉 適量

★烤後裝飾可以依個人喜好決定是否操作。

## 自製蛋醬皮

**配方**

| | |
|---|---|
| 奶油乳酪 | 250g |
| 糖粉 | 22g |
| 無鹽奶油 | 18g |
| 全蛋液 | 30g |
| 低筋麵粉 | 60g |

**作法**

1. 低筋麵份、糖粉分別過篩。
2. 無鹽奶油、奶油乳酪軟化至 16～20°C。
3. 奶油乳酪、過篩糖粉用打蛋器拌勻。
4. 加入無鹽奶油拌勻，分次加入全蛋液拌勻，全蛋液要常溫，太冷會因為溫差導致材料產生分離狀況。
5. 加入過篩低筋麵粉拌勻完成。

## 自製酥菠蘿

**配方**

| | |
|---|---|
| 高粉麵粉 | 200g |
| 低筋麵粉 | 120g |
| 糖粉 | 135g |
| 無鹽奶油 | 140g |

**作法**

1. 低筋麵粉、糖粉分別過篩。
2. 無鹽奶油軟化至 16～20°C，與過篩糖粉用打蛋器拌勻。
3. 加入高筋麵粉、過篩低筋麵粉拌勻完成。

**作法**

1 **★備妥麵團** 使用完成至基本發酵後的麵團。

2 **❹分割** 桌面撒適量手粉（高筋麵粉），用切麵刀分割 70g。
★根據「井」字形分割，不可亂切，多餘的麵團收入底部。

3 五指成爪狀，輕輕扣住麵團，依順時針方向在操作檯上畫圓，把麵團滾圓。
★麵團滾圓一是將麵團收整成圓形；二是把表面收到光滑，以利發酵。
★操作時並非整顆 360 度全方位滾圓，而是手扣住麵團，麵團的底部會一直在底部，透過畫圓的手法，表面會被拉扯產生收緊效果，進而形成圓形。

4 **❺中間發酵** 間距相等排入不沾烤盤，靜置 40 分鐘（溫度 30°C / 濕度 85%）。

5 整形前把麵團冷藏 30 分鐘，會比較好操作。此步驟根據麵團易操作性而定，可做可不做。

❻ 整形

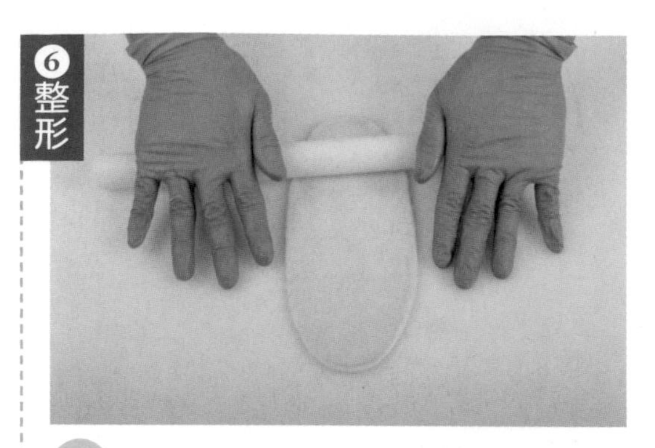

6 雙手沾適量手粉（高筋麵粉），輕輕拍開排氣，擀長約 20 公分。

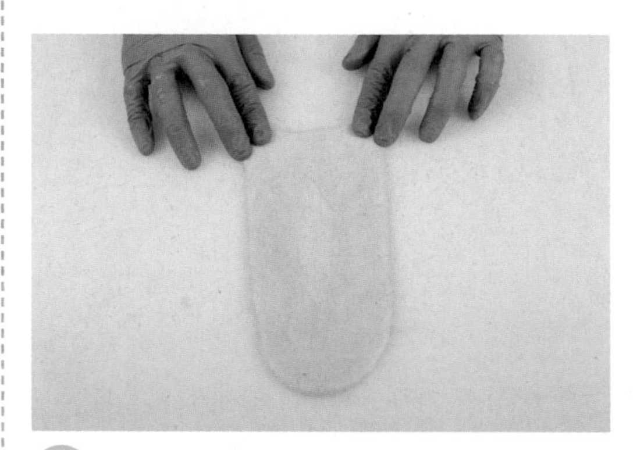

7 翻面，底部壓薄。

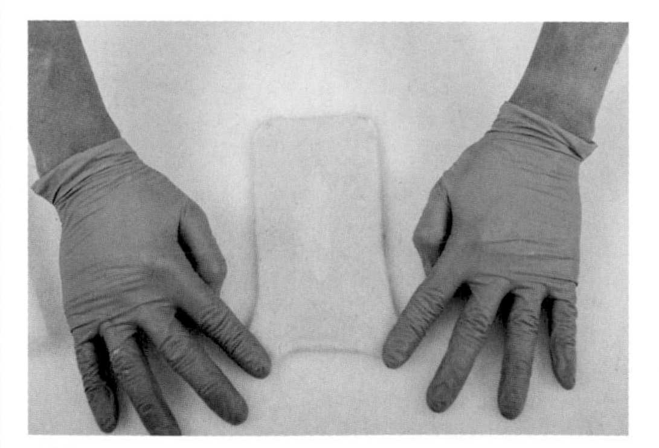

8 四邊拉平成長方片。
★整形後就不會變成橄欖形。

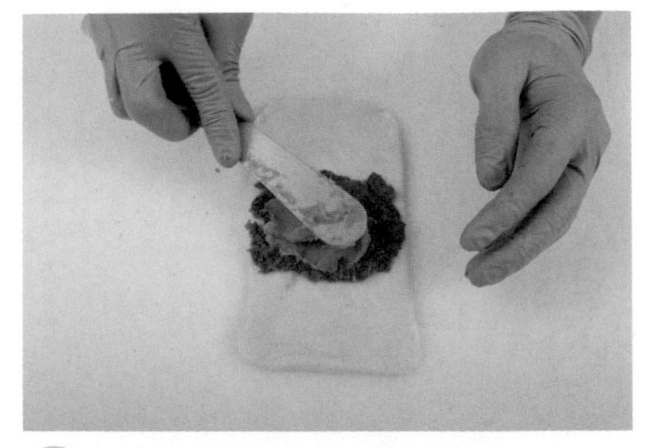

9 抹臺灣特級真紅豆餡 15g、金山地瓜餡 10g。餡盡量抹平整，完成形狀會比較漂亮。

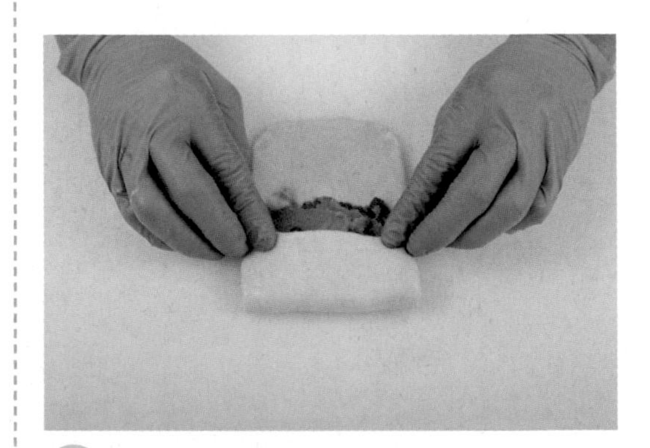

10 取一端麵團朝中心收摺。

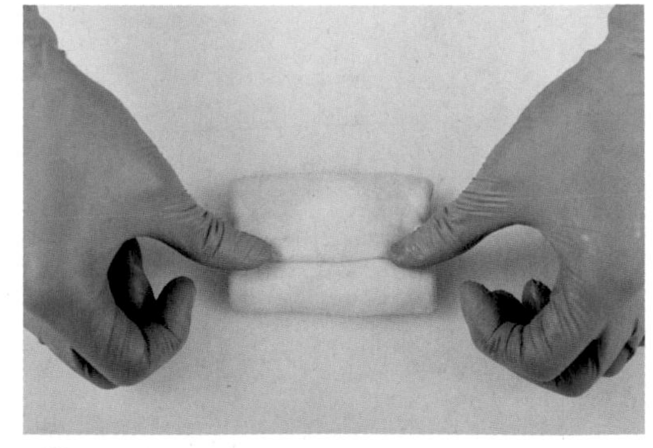

11 取另一端麵團朝中心收摺，輕壓接合處。

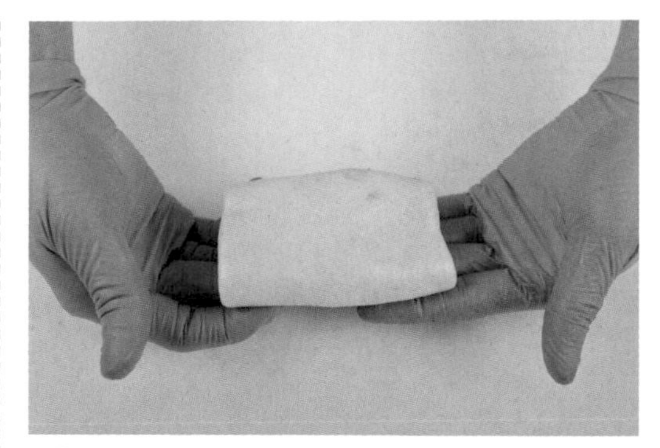

12 翻成正面檢視形狀，形狀會如上圖。

13 捏住底部收口處，沾自製酥菠蘿。

**7 最後發酵**

14 間距相等排入不沾烤盤，參考【烘焙數據表】進行發酵。

15 發酵後如上圖，大小會變約 1.5～2 倍大。

**8 烤前裝飾**

16 表面擠閃電狀自製蛋醬皮，撒臺灣真紅豆粒。

**9 烘烤**

17 送入預熱好的烤箱，參考【烘焙數據表】烤熟。烤完可以直接食用，也可以進行烤後裝飾。

No.21

# 菠菜枝豆包

烘焙數據表

★備妥麵團　參考 P.86 ~ 87 完成至基本發酵

❷基本發酵　常溫發酵 40 分鐘

❸分　　割　60g

❹中間發酵　靜置 40 分鐘（溫度 30°C ／濕度 85%）

❺整　　形　參考步驟製作

❻最後發酵　靜置 40 分鐘（溫度 30°C ／濕度 85%）

❼烤前裝飾　篩高筋麵粉，剪十字

❽烘　　烤　上火 180°C ／下火 150°C，12 分鐘

## 自製菠菜燻雞餡

**配方**

|  |  |
|---|---|
| 菠菜 | 40g |
| 枝豆 | 40g |
| 燻雞肉 | 200g |
| 沙拉醬 | 適量 |
| 乳酪絲 | 適量 |

**作法**

1. 菠菜洗淨切 1～2 公分細段，瀝乾水分。
2. 包餡前再將所有材料拌勻使用。

**作法**

1 **★備妥麵團** 使用完成至完全擴展之麵團，加入 10% 菠菜葉（對應 P.86 配方，10% 是 50g）。
★下奶油後再拉薄膜，可以發現延展性明顯變好。
★判斷完全擴展狀態的方法：將麵團拉出薄膜，薄膜破口呈圓潤、無鋸齒狀。

2 慢速攪打 1～2 分鐘，這邊只要攪打到菠菜葉均勻散入材料即可。

3 桌面撒適量手粉（高筋麵粉），將麵團放上桌面，取一端朝中心摺疊。

4 再取另一端朝中心摺疊，此手法即為「三摺一」。

5 重複兩次三摺一的動作。

6 **❷基本發酵** 容器抹少量沙拉油，放入麵團表面噴 1 下水，用蓋子蓋好，置於常溫發酵 40 分鐘。
★發酵後麵團明顯變大，約會變大 1.5～2 倍。

7 **❸分割** 桌面撒適量手粉（高筋麵粉），用切麵刀分割 60g。
★根據「井」字形分割，不可亂切，多餘的麵團收入底部。

8 **❹中間發酵** 間距相等排入不沾烤盤，靜置 40 分鐘（溫度 30°C／濕度 85%）。

No.23

# 番薯包

## 烘焙數據表

|  |  |
| --- | --- |
| ★備妥麵團 | 參考 P.114～115 完成至基本發酵 |
| ❹分　　割 | 150g |
| ❺中間發酵 | 靜置 40 分鐘（溫度 30°C ／濕度 85%） |
| ❻整　　形 | 參考步驟製作 |
| ❼最後發酵 | 靜置 35 分鐘（溫度 30°C ／濕度 85%） |
| ❽烤前裝飾 | 篩適量高筋麵粉，斜割兩刀 |
| ❾烘　　烤 | 噴 3 秒水氣，上火 190°C ／下火 160°C，烤 14 分鐘 |

內餡
金山地瓜餡 40g

烤前裝飾材料
高筋麵粉 適量

作法

1. ★備妥麵團 使用完成至基本發酵後的麵團。
2. ❹分割 桌面撒適量手粉（高筋麵粉），用切麵刀分割 150g。
   ★根據「井」字形分割，不可亂切，多餘的麵團收入底部。
3. 一手托住麵團光滑面，另一手將麵團底部依順時針方向收摺到同一處，收摺至表面光滑。
   ★麵團收圓一是將麵團收整成圓形；二是把表面收到光滑，以利發酵。
4. ❺中間發酵 間距相等排入不沾烤盤，參考【烘焙數據表】進行發酵。
5. ❻整形 雙手沾適量手粉（沾高筋麵粉），將麵團輕輕拍開排氣。

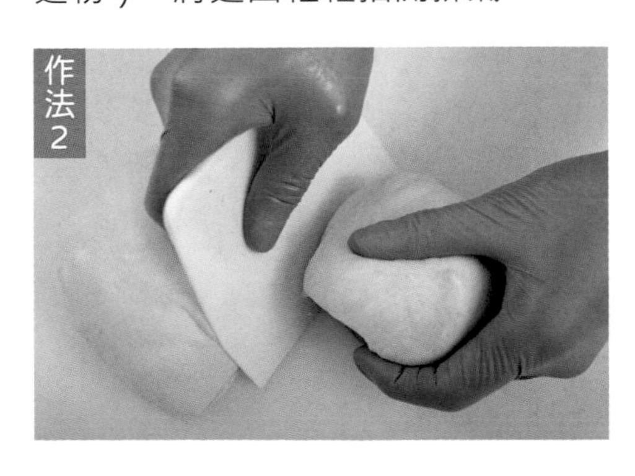
作法2

作法3

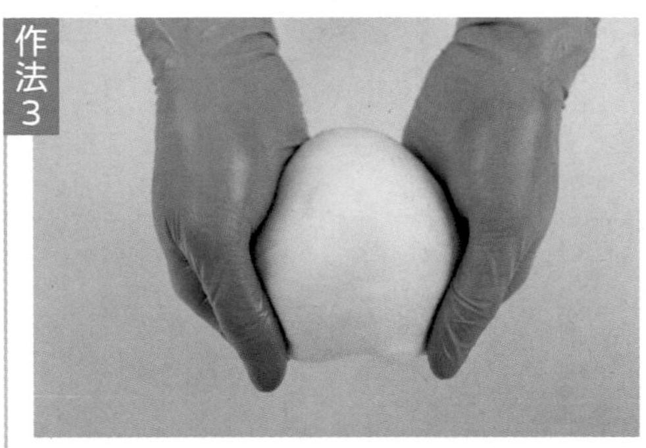

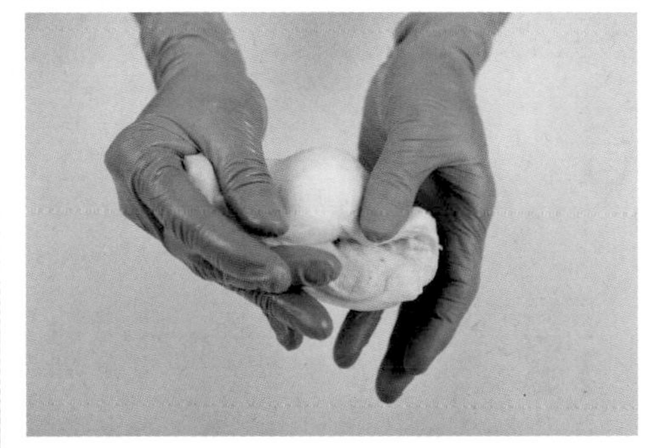

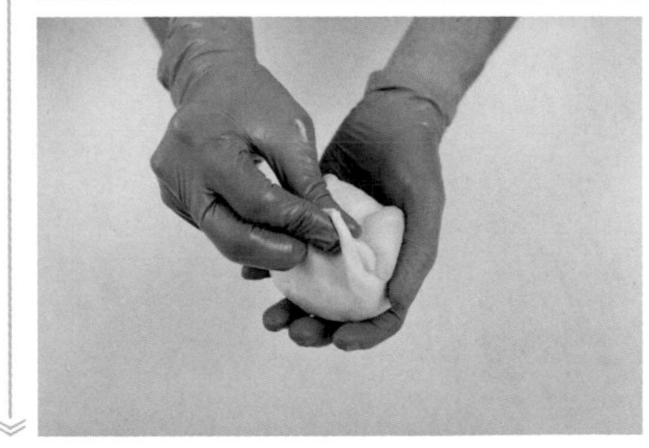

No.24

# 枝豆林林

## 烘焙數據表

| | |
|---|---|
| ★備妥麵團 | 參考 P.114～115 完成至基本發酵 |
| ❹分　　割 | 主麵團 120g ／外皮 50g |
| ❺中間發酵 | 靜置 40 分鐘<br>（溫度 30°C ／濕度 85%） |
| ❻整　　形 | 參考步驟製作 |
| ❼最後發酵 | 靜置 40 分鐘<br>（溫度 30°C ／濕度 85%） |
| ❽烤前裝飾 | 篩適量高筋麵粉，隔著透明隔板篩紫薯粉，斜割 6 刀 |
| ❾烘　　烤 | 噴 3 秒水氣，上火 190°C ／下火 160°C，烤 14 分鐘 |

### ❼最後發酵

⑫ 正面朝上間距相等排入不沾烤盤，參考【烘焙數據表】進行發酵。

⑬ 發酵後如上圖，麵團不會變得太大。

### ❽烤前裝飾

⑭ 表面先篩高筋麵粉。

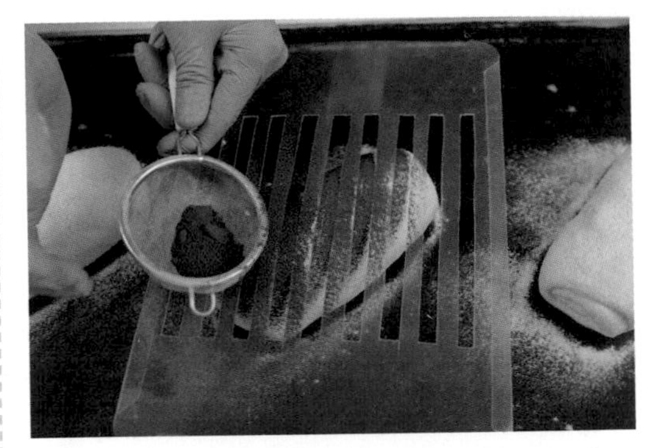

⑮ 隔著透明隔板，篩少量的紫薯粉，篩到看得清楚花樣即可。

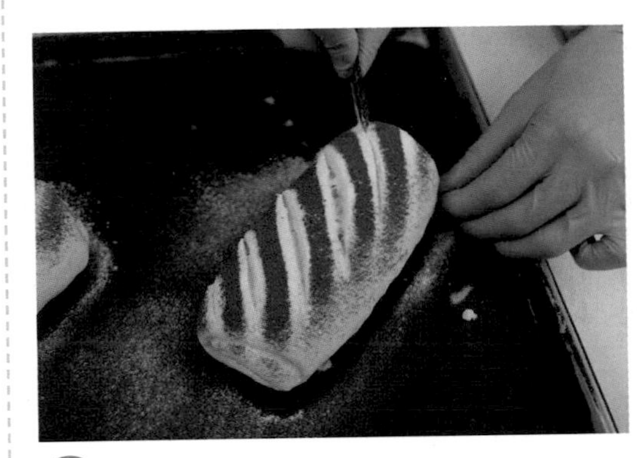

⑯ 在每個高筋麵粉區間斜割 1 刀。
★割開可以讓麵團的膨脹性更好。

### ❾烘烤

⑰ 送入預熱好的烤箱，參考【烘焙數據表】烤熟，出爐微微放涼。



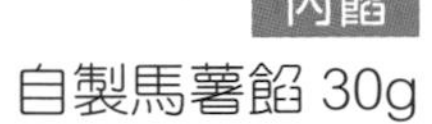

**內餡**
自製馬薯餡 30g
蜜糖枝豆 20g

**烤前裝飾材料**
高筋麵粉 適量
紫薯粉 適量

## 自製馬薯餡

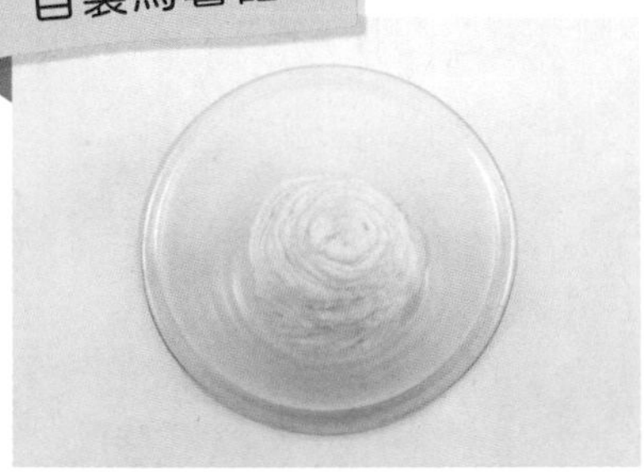

**配方**

| | |
|---|---|
| 馬鈴薯 | 300g |
| 細砂糖 | 30g |
| 鹽 | 5g |

**作法**

1. 馬鈴薯洗淨削皮，蒸熟後秤出配方量，再壓成泥、過篩。
2. 趁熱與其他材料一同拌勻，放涼即可使用。

**作法**

1 **★備妥麵團** 使用完成至基本發酵後的麵團。

2 **❹分割** 桌面撒適量手粉（高筋麵粉），用切麵刀分割主麵團 120g，外皮 50g。
★一個主麵團對應一個外皮麵團。
★根據「井」字形分割，不可亂切，多餘的麵團收入底部。

3 一手托住麵團光滑面，另一手將麵團底部依順時針方向收摺到同一處，收摺至表面光滑。

4 **❺中間發酵** 間距相等排入不沾烤盤，參考【烘焙數據表】進行發酵。

5 **❻整形** 雙手沾適量手粉（沾高筋麵粉），將主麵團輕輕拍開排氣。擀長約 30 公分，翻面。

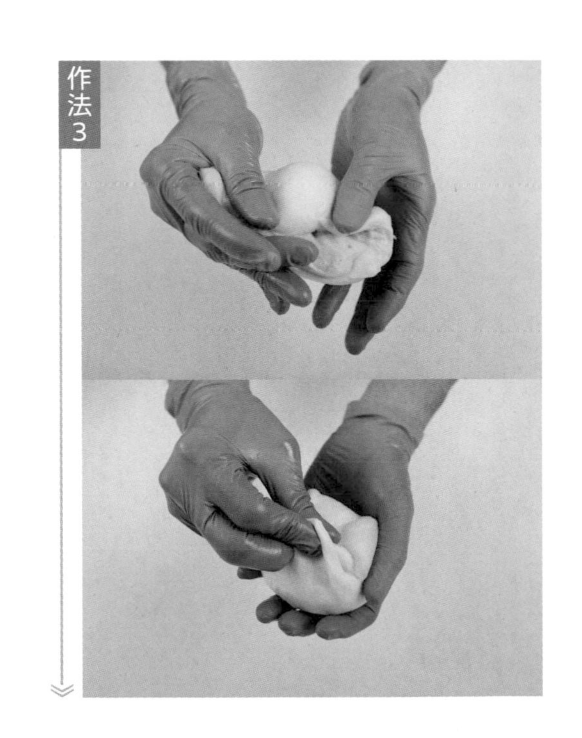

作法3

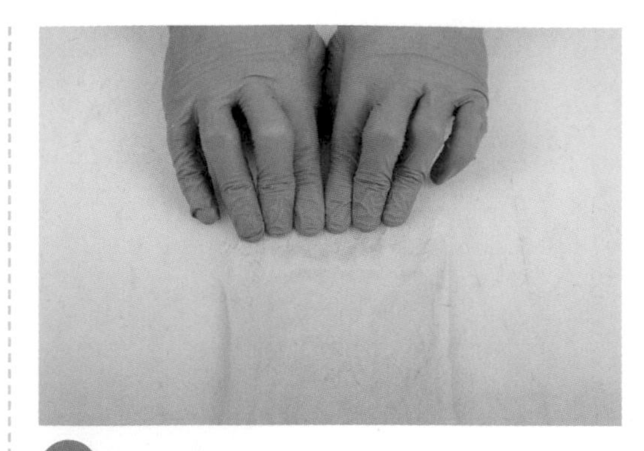

6 底部壓薄。
★底部有壓薄，最後的收摺面就會緊密貼合麵團，不會凸出來一節。

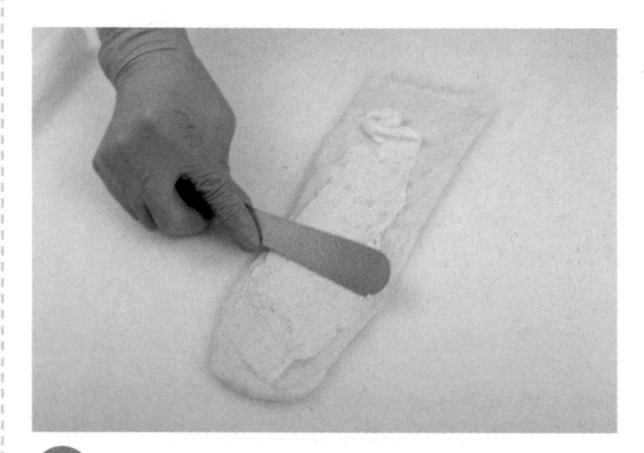

7 底部壓薄的部分留些許不抹餡，抹上自製馬薯餡 30g。
★餡料抹平整，後續會比較好捲。

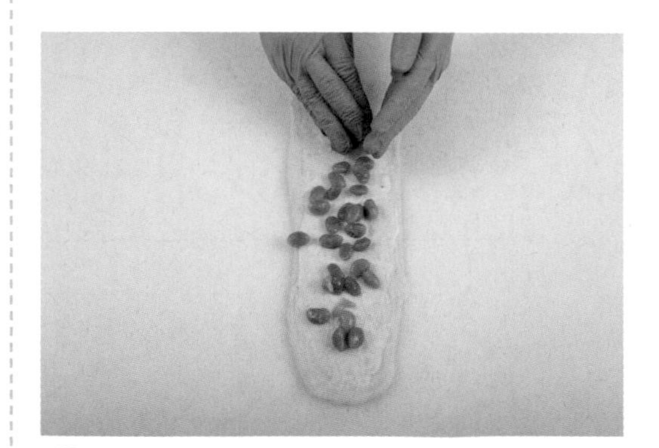

8 鋪蜜糖枝豆 20g。
★豆類盡量不要鋪重疊，會不好捲。

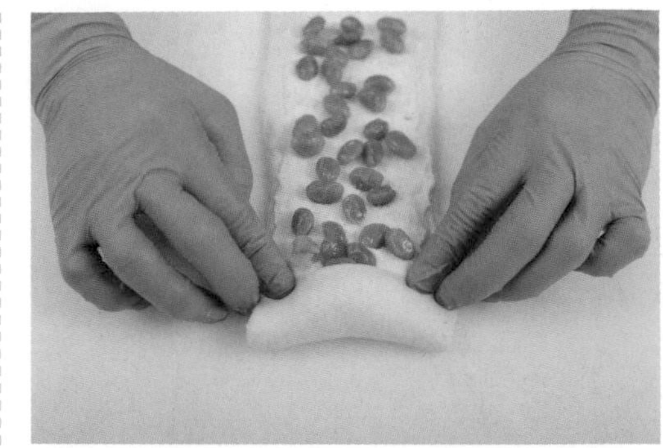

9 由上朝下捲，先一節一節朝下收摺麵團。

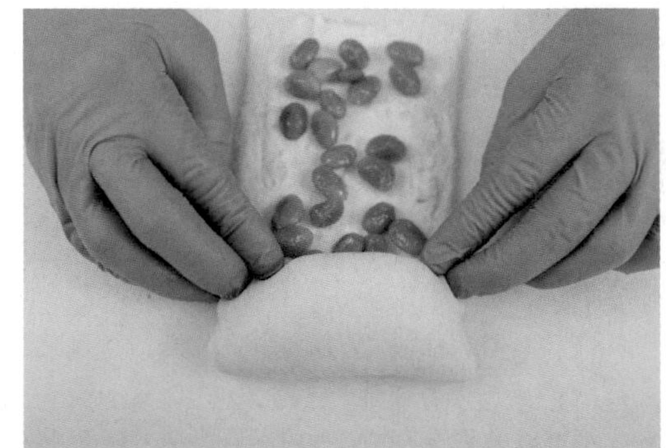

10 順順地朝下收摺即可，整體不要捲太緊，避免口感太緊實。

11 把外皮麵團另外擀開，輕輕包覆主麵團，將外圍的麵團收到底部。

No.25

# 無花果蕎麥

烘焙數據表

| | |
|---|---|
| ★備妥麵團 | 參考 P.114～115 完成至完全擴展 |
| ❸基本發酵 | 靜置 40 分鐘<br>（室溫 30°C ／濕度 85%） |
| ❹分　　割 | 130g |
| ❺中間發酵 | 靜置 40 分鐘<br>（溫度 30°C ／濕度 85%） |
| ❻整　　形 | 參考步驟製作 |
| ❼最後發酵 | 靜置 35 分鐘<br>（溫度 30°C ／濕度 85%） |
| ❽烤前裝飾 | 隔著透明隔板篩紫薯粉 |
| ❾烘　　烤 | 噴 3 秒水氣，上火 190°C ／下火 160°C，烤 14 分鐘 |

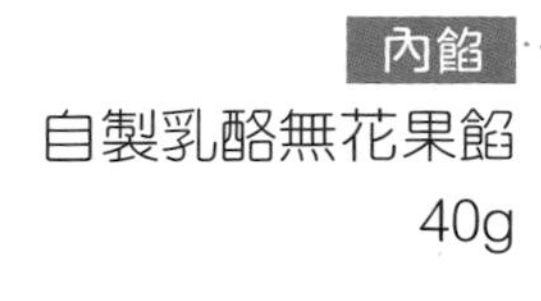

**烤前裝飾材料**
紫薯粉 適量

## 自製乳酪無花果餡

**配方**

| | |
|---|---|
| 無花果 | 200g |
| 細砂糖 | 50g |
| 奶油乳酪 | 100g |
| 檸檬汁 | 5g |

**作法**

1. 奶油乳酪軟化至16～20℃，與細砂糖拌勻。
2. 加入切碎的無花果拌勻，加入檸檬汁拌勻。

**作法**

1 **★備妥麵團** 使用完成至完全擴展之麵團，加入14%蕎麥粒（對應P.114配方，14%是70g）。
★下奶油後再拉薄膜，可以發現延展性明顯變好。
★判斷完全擴展狀態的方法：將麵團拉出薄膜，薄膜破口呈圓潤、無鋸齒狀。

2 慢速攪打1～2分鐘，這邊只要攪打到配料均勻散入即可。

3 桌面撒適量手粉（高筋麵粉），將麵團放上桌面，取一端朝中心摺疊。

4 再取另一端朝中心摺疊，此手法即為「三摺一」。

5 **❷基本發酵** 容器抹一些沙拉油，防止麵團沾黏，再把麵團放入，用蓋子蓋好。參考【烘焙數據表】進行發酵。

6 **❹分割** 桌面撒適量手粉（高筋麵粉），用切麵刀分割130g。
★根據「井」字形分割，不可亂切，多餘的麵團收入底部。

7 一手托住麵團光滑面，另一手將麵團底部依順時針方向收摺到同一處，收摺至表面光滑。

8 **❺中間發酵** 間距相等排入不沾烤盤，參考【烘焙數據表】進行發酵。

9 **❻整形** 雙手沾適量手粉（沾高筋麵粉），將主麵團輕輕拍開排氣。擀長約20～25公分，翻面，底部壓薄。
★底部有壓薄，最後的收摺面就會緊密貼合麵團，不會凸出來一節。

10 底部壓薄的部分留些許不抹餡，抹自製乳酪無花果餡40g。
★餡料抹平整，後續會比較好捲。

No.27

# 南瓜吐司

## 烘焙數據表

| | |
|---|---|
| ❶攪　拌 | 參考步驟製作 |
| ❷基本發酵 | 靜置 45 分鐘（室溫 25～26°C） |
| ❸分　割 | 240g |
| ❹中間發酵 | 靜置 40 分鐘（溫度 30°C／濕度 85%） |
| ❺整　形 | 參考步驟製作 |
| ❻最後發酵 | 靜置 40 分鐘（溫度 30°C／濕度 85%） |
| ❼烘　烤 | 上火 170°C／下火 180°C，烤 18 分鐘 |

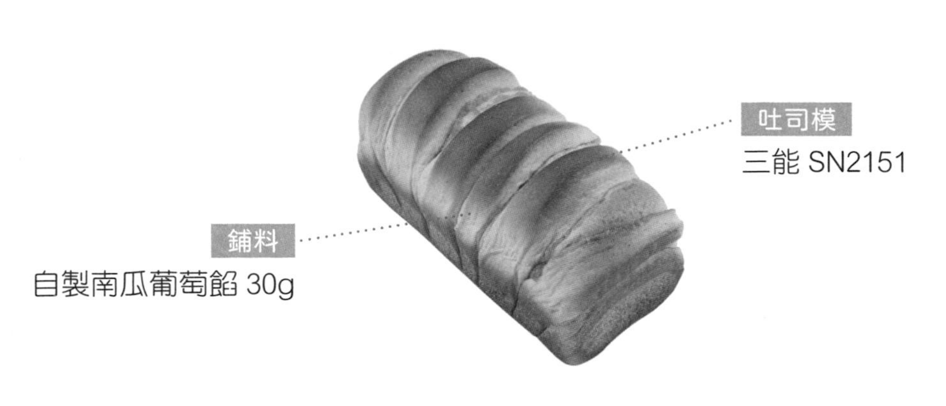

**主麵團**

| 材料 | % | g |
|---|---|---|
| ①高筋麵粉 | 100 | 400 |
| ②細砂糖 | 10 | 40 |
| ③鹽 | 1 | 4 |
| ④鮮奶 | 36 | 144 |
| ⑤全蛋 | 16 | 64 |
| ⑥新鮮酵母 | 1 | 4 |
| ⑦無鹽奶油 | 13 | 52 |
| ⑧無糖南瓜泥 | 12 | 48 |

## 自製南瓜葡萄餡

**配方**

| | |
|---|---|
| 南瓜泥 | 150g |
| 動物性鮮奶油 | 30g |
| 無鹽奶油 | 30g |
| 細砂糖 | 75g |
| 葡萄乾 | 30g |
| 杏仁粉 | 50g |

**作法**

1. 無鹽奶油室溫軟化至 16～20˚C。
2. 無鹽奶油、細砂糖拌勻，拌到材料均勻分布即可，不用拌到糖融化。
3. 加入南瓜泥、動物性鮮奶油拌勻，加入過篩杏仁粉拌勻，加入葡萄乾拌勻。

No.28

# 黑糖地瓜起司

**吐司模**

三能 SN2182

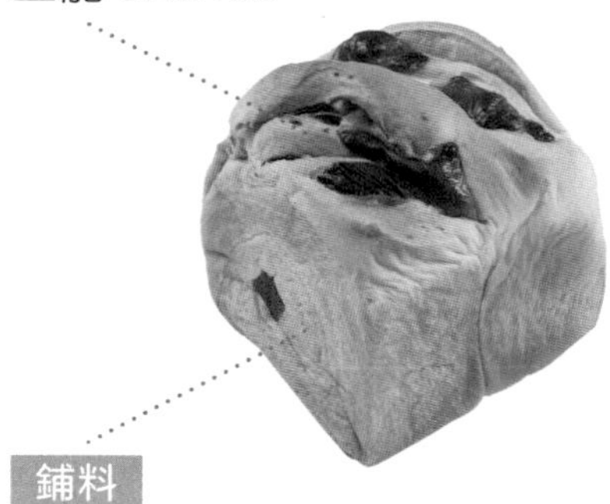

**鋪料**

地瓜紅丁 40g
起司片丁 10g

★甜的地瓜丁用帶有鹹味的起司搭配。

## 烘焙數據表

| | |
|---|---|
| ❶攪拌湯種 | 參考步驟製作 |
| ❷攪拌主麵團 | 參考步驟製作 |
| ❸基本發酵 | 靜置 45 分鐘（室溫 25～26°C） |
| ❹分割 | 200g |
| ❺中間發酵 | 靜置 40 分鐘（溫度 30°C ／濕度 85%） |
| ❻整形 | 參考步驟製作 |
| ❼最後發酵 | 靜置 40 分鐘（溫度 30°C ／濕度 85%） |
| ❽烤前裝飾 | 表面斜剪 2 刀 |
| ❾烘烤 | 上火 180°C ／下火 190°C，烤 20 分鐘 |

**★起司片丁處理訣竅：**

直接切丁的話，起司片會黏黏的不好操作，並且從切好到使用的這段時間，因為溫差的關係，起司片可能會有黏在一起的狀況，使用上頗為費力。

讓起司片不沾黏的訣竅是「高筋麵粉」。把起司片一片一片分離，正反面各沾適量高筋麵粉。切成丁狀後，再與少量的高筋麵粉拌勻，高筋麵粉用量只要可以把材料分離即可，不用太多。這樣就可以得到好操作的起司片囉！

### 湯種

| 材料 | % | g |
|---|---|---|
| 高筋麵粉 | 50 | 250 |
| 細砂糖 | 5 | 25 |
| 鹽 | 0.2 | 1 |
| 沸水 | 55 | 275 |

★酵母換算比例，速發乾酵母 1：新鮮酵母 3。

★無鹽奶油室溫軟化至 16～20°C。

### 主麵團

| 材料 | % | g |
|---|---|---|
| 高筋麵粉 | 50 | 250 |
| 黑糖 | 5 | 25 |
| 鹽 | 0.8 | 4 |
| 冷水 | 27.5 | 137.5 |
| 動物性鮮奶油 | 5.5 | 27.5 |
| 新鮮酵母 | 2 | 10 |
| 無鹽奶油 | 6 | 30 |
| 湯種 | 7.5 | 37.5 |

No.29

# 復古紅豆吐司

烤前裝飾材料

全蛋液 適量

自製酥菠蘿（P.105） 適量

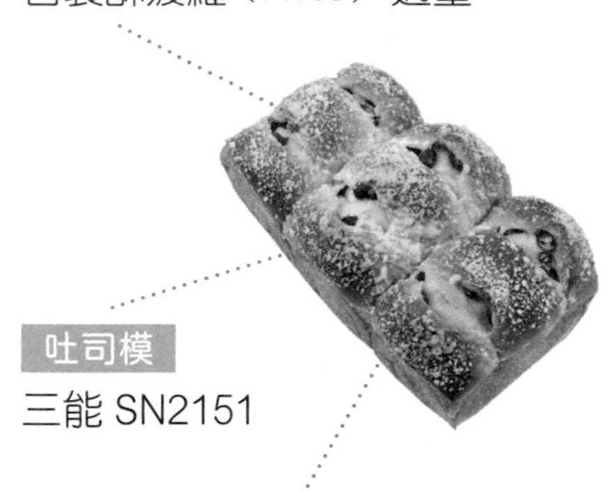

吐司模

三能 SN2151

鋪料

臺灣真紅豆粒 25g

## 烘焙數據表

| | |
|---|---|
| ❶攪　　拌 | 參考步驟製作 |
| ❷基本發酵 | 靜置 45 分鐘（室溫 25～26°C） |
| ❸分　　割 | 80g |
| ❹中間發酵 | 靜置 40 分鐘（溫度 30°C ／濕度 85%） |
| ❺整　　形 | 參考步驟製作 |
| ❻最後發酵 | 靜置 40 分鐘（溫度 30°C ／濕度 85%） |
| ❼烤前裝飾 | 刷全蛋液，撒自製酥菠蘿，每顆剪 2 刀 |
| ❽烘　　烤 | 上火 170°C ／下火 180°C，烤 24 分鐘 |

★酵母換算比例，速發乾酵母 1：新鮮酵母 3。

★室溫軟化至 16～20°C。

### 主麵團

| 材料 | % | g |
|---|---|---|
| ①高筋麵粉 | 100 | 300 |
| ②細砂糖 | 12 | 36 |
| ③鹽 | 2.4 | 7.2 |
| ④煉奶 | 4 | 12 |
| ⑤冷水 | 60 | 180 |
| ⑥蛋黃 | 10 | 30 |
| ⑦新鮮酵母 | 3 | 9 |
| ⑧無鹽奶油 | 12 | 36 |

No.30

# 能量黑豆吐司

烘焙數據表

| | |
|---|---|
| ❶攪拌湯種 | 參考步驟製作 |
| ❷攪拌主麵團 | 參考步驟製作 |
| ❸基本發酵 | 靜置 40 分鐘（室溫 25～26°C） |
| ❹分割 | 220g |
| ❺中間發酵 | 靜置 40 分鐘（溫度 30°C／濕度 85%） |
| ❻整形 | 參考步驟製作 |
| ❼最後發酵 | 靜置 40 分鐘（溫度 30°C／濕度 85%） |
| ❽烘烤 | 上火 170°C／下火 180°C，烤 24 分鐘 |

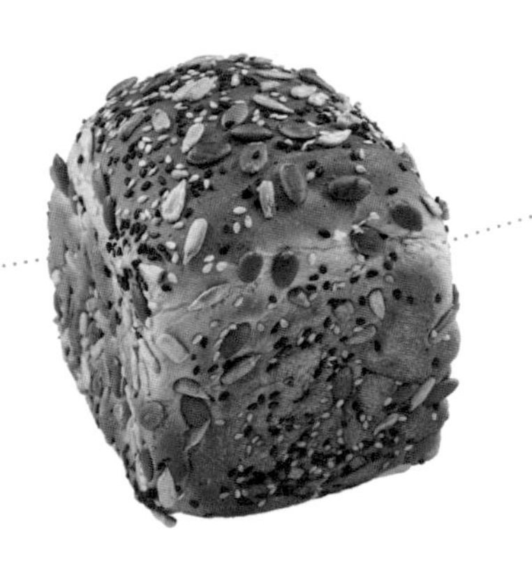

鋪料
臺灣特級蜜黑豆 50g

吐司模
三能 SN2182

**主麵團**

| 材料 | % | g |
|---|---|---|
| ①高筋麵粉 | 50 | 160 |
| ②細砂糖 | 7.5 | 24 |
| ③鹽 | 0.6 | 1.92 |
| ④全蛋 | 5 | 16 |
| ⑤冷水 | 30 | 96 |
| ⑥新鮮酵母 | 1.5 | 4.8 |
| ⑦湯種 | 7.5 | 24 |
| ⑧無鹽奶油 | 5 | 16 |
| ⑨胚芽 | 2 | 6.4 |

**湯種麵團**

| 材料 | % | g |
|---|---|---|
| 高筋麵粉 | 50 | 160 |
| 細砂糖 | 5 | 16 |
| 鹽 | 0.2 | 0.64 |
| 沸水 | 55 | 176 |

★酵母換算比例，速發乾酵母 1：新鮮酵母 3。
★無鹽奶油室溫軟化至 16～20˚C。
★材料⑨胚芽，需用上下火 120˚C 烤到微微上色。

**沾面材料**

| 材料 | g |
|---|---|
| 亞麻籽 | 200 |
| 葵瓜籽 | 200 |
| 南瓜籽 | 200 |
| 黑芝麻 | 40 |
| 白芝麻 | 40 |
| 亞麻籽 | 200 |

感謝珀毅、健瑋，拍攝期間不辭辛勞的協助。
感謝統清股份有限公司、麥之田食品對本書的支持。
感謝我的家人與太太，一路走來給予我很多鼓勵。
感謝提供我建議的粉絲們，有大家的扶持與協助，
我才能一路走到今天。

謹以此書，獻給過去、現在、未來，
一路同行的你／妳們。

國家圖書館出版品預行編目（CIP）資料

臺灣在地食材：餡料麵包的變化與延伸 /
黃宗辰著. -- 一版. -- 新北市：優品文化，
2022. 4；160面；19x26公分. --（Baking；9）
ISBN 978-986-5481-24-7（平裝）

1. 點心食譜 2. 麵包

427.16　　111002238

Baking：9

臺灣在地食材
# 餡料麵包的變化與延伸

作　　者　黃宗辰
總 編 輯　薛永年
美術總監　馬慧琪
文字編輯　蔡欣容
美術編輯　黃頌哲
攝　　影　王隼人

出 版 者　優品文化事業有限公司
地址：新北市新莊區化成路 293 巷 32 號
電話：(02) 8521-2523 / 傳眞：(02) 8521-6206
信箱：8521service@gmail.com
（如有任何疑問請聯絡此信箱洽詢）

印　　刷　鴻嘉彩藝印刷股份有限公司

業務副總　林啓瑞 0988-558-575

總 經 銷　大和書報圖書股份有限公司
地址：新北市新莊區五工五路 2 號
電話：(02) 8990-2588 / 傳眞：(02) 2299-7900

網路書店　www.books.com.tw 博客來網路書店

出版日期　2022 年 4 月
版　　次　一版一刷
定　　價　420 元

Printed in Taiwan

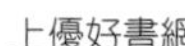

上優好書網

FB粉絲專頁

LINE 官方帳號

Youtube 頻道

(黏貼處)

臺灣在地食材
餡料麵包的變化與延伸

# 讀者回函

◆ 為了以更好的面貌再次與您相遇，期盼您說出真實的想法，給我們寶貴意見 ◆

| 姓名： | 性別：□男 □女 | 年齡： 歲 |
|---|---|---|
| 聯絡電話：（日） （夜） | | |
| Email： | | |
| 通訊地址：□□□－□□ | | |
| 學歷：□國中以下 □高中 □專科 □大學 □研究所 □研究所以上 | | |
| 職稱：□學生 □家庭主婦 □職員 □中高階主管 □經營者 □其他： | | |

● 購買本書的原因是？

□興趣使然 □工作需求 □排版設計很棒 □主題吸引 □喜歡作者 □喜歡出版社

□活動折扣 □親友推薦 □送禮 □其他：＿＿＿＿＿＿＿＿

● 就食譜叢書來說，您喜歡什麼樣的主題呢？

□中餐烹調 □西餐烹調 □日韓料理 □異國料理 □中式點心 □西式點心 □麵包

□健康飲食 □甜點裝飾技巧 □冰品 □咖啡 □茶 □創業資訊 □其他：＿＿＿＿

● 就食譜叢書來說，您比較在意什麼？

□健康趨勢 □好不好吃 □作法簡單 □取材方便 □原理解析 □其他：＿＿＿＿

● 會吸引你購買食譜書的原因有？

□作者 □出版社 □實用性高 □口碑推薦 □排版設計精美 □其他：＿＿＿＿

● 跟我們說說話吧～想說什麼都可以哦！

□□□-□□
寄件人 地址：

姓名：

| 廣　告　回　信 |
|---|
| 免　貼　郵　票 |
| 三重郵局登記證 |
| 三重廣字第0751號 |

平信

24253 新北市新莊區化成路 293 巷 32 號

# 上優文化事業有限公司　收

## （優品）

臺灣在地食材
餡料麵包的變化與延伸

讀者回函

（請沿此虛線對折寄回）